# 蛙蛙王国奇遇记

朱弼成 毛萍 朱丹 主编

清华大学出版社
北京

**图书在版编目（CIP）数据**

蛙蛙王国奇遇记 / 朱弼成，毛萍，朱丹主编.— 北京：清华大学出版社，2024.10
ISBN 978-7-302-66360-7

Ⅰ.①蛙…　Ⅱ.①朱…　②毛…　③朱…　Ⅲ.①蛙科—青少年读物　Ⅳ.①Q959.5-49

中国国家版本馆CIP数据核字（2024）第107738号

责任编辑：刘　杨
封面设计：何凤霞
责任校对：王淑云
责任印制：宋　林

出版发行：清华大学出版社
　　　　　网　　　址：https://www.tup.com.cn, https://www.wqxuetang.com
　　　　　地　　　址：北京清华大学学研大厦A座　　　　邮　　编：100084
　　　　　社 总 机：010-83470000　　　　　　　　　　邮　　购：010-62786544
　　　　　投稿与读者服务：010-62776969, c-service@tup.tsinghua.edu.cn
　　　　　质量反馈：010-62772015, zhiliang@tup.tsinghua.edu.cn
印 装 者：三河市龙大印装有限公司
经　　销：全国新华书店
开　　本：165mm×240mm　　　印　　张：15.5　　　字　　数：240千字
版　　次：2024年10月第1版　　　　　　　　　印　　次：2024年10月第1次印刷
定　　价：108.00元

产品编号：100451-01

# 序言一

在这个充满生机与奥秘的自然界中，蛙类以其独特的进化地位和生物学特征，成为科学家研究的热点。它们不仅是地球生态系统中不可或缺的组成部分，还是人类了解生物多样性和生态系统功能的一个窗口。

3.6亿年前，蛙类的祖先勇敢迈出了"从水到陆"的第一步，为如今这个蓝色星球的生态系统增添了更加绚丽的色彩。随着人类活动的影响，许多蛙类面临着前所未有的生存威胁，诸如栖息地被破坏、气候变化、环境污染等问题。有的蛙类物种我们甚至还未来得及给它们留下彩色照片，就已从这个星球上消失。希望本书的读者都能了解蛙类，关心蛙类，保护蛙类，建立人与自然和谐共生的理念。

很多蛙类生活在深山中，科学家们往往需要跋山涉水去到人迹罕至的地方研究它们。以刘承钊、赵尔宓、费梁和叶昌媛等老一辈科学家为代表的科研人员，克服各种困难，始终坚持野外考察和实验研究，才使得中国两栖爬行动物学研究从无到有，再到今天的百花齐放。希望读者们能够发扬他们求真务实、勇于创新的科学家精神。

本书遵循科学研究的严谨性，以生动的语言、丰富的科学知识和精美的图画，详细描述了蛙类的形态特征、生活习性、繁殖行为及其在生态系统中的"角色"，还讲述了老一辈科学家的故事。

展望未来，相信我们还会在两栖爬行动物研究领域取得更多的突破，为生物多样性和生态环境保护作出更大的贡献。如果有机会，欢迎各位读者来两栖爬行动物研究的专业机构——中国科学院成都生物研究所参观、学习、工作，为中国两栖爬行动物研究贡献自己的一份力量。愿本书能够成为读者们了解蛙类、探索自然、保护环境的良师益友。欢迎来到蛙类世界!

是为序。

中国科学院成都生物研究所研究员、博士生导师

国家杰出青年科学基金获得者

写于蛙声阵阵的兴隆湖畔

2024 年 6 月 1 日

# 序言二

  青蛙，作为地球上较古老的脊椎动物，以其从水到陆的独特生活史和丰富的多样性吸引了无数科学家和自然爱好者的关注。青蛙不仅是生态系统中的重要成员，也是科学研究的对象和无数故事、传说的源泉。这本《蛙蛙王国奇遇记》旨在带领读者深入了解这一迷人的生物，揭开青蛙世界的神秘面纱。

  从静谧的池塘到湿润的热带森林，从繁忙的城市角落到宁静的乡村，青蛙们无处不在。它们的生活环境虽然多样，但无论在哪里，它们都能以其独特的方式适应并融入自然。不同的青蛙物种，从鸣叫、求偶、产卵、到蝌蚪变态成幼蛙的生命历程，都有其独特之处，又都能与其生活的环境相适应。本书将从青蛙的生命周期开始介绍，让读者了解从蛙卵到蝌蚪，再到成蛙的全过程。这不仅是一个生物学上的奇迹，更是一段动人的自然故事。

  此外，本书还将讲述一些令人着迷的青蛙物种，带领大家了解它们的独特行为和生存策略。例如亚马孙雨林色彩斑斓的青蛙、神秘的箭毒蛙、能滑翔的黑蹼树蛙、隐藏高手白斑棱皮树蛙，等等，每一种青蛙都有其独特的魅力和故事。这些故事不仅激发我们的好奇心，也提醒我们要珍惜和保护这些奇妙的生物。

  本书的作者长期在野外从事青蛙相关的科学研究，也经常与中小学生面对面开展青蛙相关的科普讲座，作者的这些经历使本书既能保持科普的趣味性，同时又不失科学的严谨性。希望这本书能够唤起孩子们对青蛙的兴趣，也希望它能激励孩子们更深入地探索和保护我们赖以生存的大自然。

让我们一起踏上这段充满发现与惊奇的青蛙之旅吧!

中国科学院成都生物研究所研究员、博士生导师

中国科学院青年创新促进会优秀会员

崔建国

2024 年 6 月 1 日

# 和孩子们聊一聊青蛙

《小蝌蚪找妈妈》的故事，陪伴着一代又一代孩子度过了无忧无虑的童年。因为小蝌蚪看谁都不像自己的妈妈，所以小蝌蚪的寻亲之路无比艰辛。在小蝌蚪追问鲤鱼和乌龟是不是自己的妈妈之后，青蛙妈妈才站在荷叶上以"绿衣服、白肚皮"的形象登场。

青蛙，几乎分布于世界上的任何一个角落，不管是东北寒冷的林海雪原，还是西双版纳的热带雨林；不管是海南的椰林沙滩，还是西南高耸如云的峨眉山，都有这些小家伙们的一片天地。在茂密的森林，在峻峭的高山，在湍急的溪流，在丰收的田野，都有蛙蛙们的优美身姿和此起彼伏的歌声。

无论是稻田里的青蛙，还是手中的"铁皮青蛙"玩具，我们的爸爸妈妈似乎都很熟悉。然而现在许多小朋友只在动画片里见过青蛙，只听过歌曲《小跳蛙》，只看过童话里的青蛙王子和成语"井底之蛙"的故事，连蹦蹦跳跳的"活"青蛙都没有见过，甚至很少听到池塘里的蛙声，青蛙似乎离他们越来越遥远。

是时候和孩子们聊聊青蛙了！

我们经常听别人说青蛙是一种两栖动物，那什么是两栖动物呢？这是一类能够在水中和陆地上生活的脊椎动物，小时候生活在水里，用鳃呼吸；长大了生活在陆地上，用肺呼吸。

纵观脊椎动物的进化历史，从水生到陆生看似是两栖动物用小脚丫子爬出的一小步，却是脊椎动物演化进程中的一大步。在漫漫的历史长河里，两栖动物的起源过程大概是这样的：有一些"先锋"鱼类开始突破自我勇敢地向陆地"扩张"。它们从祖先那里继承了能在水里自由活动的"装备"，后来通过"打怪升级"，取得了"上岸"的"硬件"，逐渐进化出适应陆地环境的身体结构和生存技能，成为两栖动物的祖先——最早从水中登上陆地生活的脊椎动物。虽然两栖动物和它们的"表兄"爬行动物相比，登陆"装备"略显简陋，但它们获取了从水生到陆生转变的关键技能，是脊椎动物演化进程中浓墨重彩的一笔。

现生两栖动物有 8700 余种，我国有 670 余种。现存的两栖动物分为蚓螈目、有尾目和无尾目（其中以蛙和蟾蜍为代表的两栖动物均属于无尾目），几乎占两栖动物的 90%。本书中"青蛙"泛指两栖动物中的无尾目，包括各种蛙和蟾蜍。它们的卵一般产于水中，卵孵化成蝌蚪，经过变态发育形成成体，成体在陆地上生活。

本书主要包含六个部分，从外到内、从大到小，用生动诙谐的语言讲述了青蛙王国的神奇故事。第一部分介绍了青蛙的外形特征和身体构造，展示了它们的体型、肤色、五官，了解了它们的呼吸、进食等生活习性。第二部分讲述了青蛙是如何通过悠扬婉转的声音、多姿多彩的体色、灵活多变的动作、"威震四方"的水波以及无法言说的气味，完成求偶的过程，实现"寻得一人归，产下百子来"的终极目标。第三部分是关于一颗蛙卵的奇幻之旅，讲述它如何与精子相遇变成小蝌蚪，小蝌蚪又是如何丢掉尾巴长出四肢的过程，以及蛙爸蛙妈"三头六臂"实力带娃的故事。第四部分分享了青蛙如何在危机四伏的丛林里，为了生存，施展出各种"武林绝学"，怼天、怼地、怼天敌的故事。第五部分是一个沉重的章节，也是一个充满希望的章节。青蛙最大的天敌和最好的伙伴都是人类。那怎样才能像保护眼睛一样保护生活着各种精灵的大自然？怎样才能做到人与动物和谐共存？沉重的是历史，充满希望的是未来，我们和正在读书的你们，是改变历史的主力。

本书的编写过程令我感受到了很多温暖的力量。**温暖如前辈的鼓励**。还记得在费梁先生和叶昌媛先生的办公室，老先生鼓励我们继续把蛙类的声音通信研究下去，把研究拓展到更深、更广的领域，普及给更多的青少年朋友。本书算是对老先生殷切鼓励的一点交代，谨以此书纪念费梁先生。**温暖如老师的教导**。感谢李家堂研究员和崔建国研究员在百忙之中为本书作序，并提出了很多宝贵意见；感谢崔建国研究员一直以来悉心的栽培和教导。**温暖如同事的帮助**。感谢崔建国、蒋珂、姚忠祎、吕植桐、胡君、赵鹤凌、张轶佳、王皆恒、蔡炎林和张美华等同事为本书提供的相关资料和图片，是你们的无私帮助，才让本书呈现得更完整更丰富。特别感谢"神笔马良"李健老师和《两栖爬行动物研究（英文版）》编辑部，他们提供了两栖动物手绘图，这些图片集科学性和艺术性于一身，为本书增添了一抹亮色。感谢中国科学院成都生物研究所的同事们在方方面面提供的帮助。**温暖如朋友的支持**。感谢王聿凡、徐廷程、丁国骅、王同亮、郭峻峰、史静耸、张豪迪、程坤明、杨悦、陈潘、王臻祺、郑普阳、王剀和饶涛等朋友为本书分享出自己付出艰辛在野外拍下的生动瞬间。特别感谢"美丽科学"平台的摄影师缪靖翎为本书提供精美绝伦的摄影作品，感谢汪明莹为本书绘制封面插图，感动亦感恩。感谢清华大学出版社的刘杨编辑在本书编写过程中提供的建议与指导，使本书得以顺利出版。在撰写本书的过程中，我们深刻体会到了"温暖的力量"——当你下定决心努力去做一件事的时候，全世界都会来帮你，感谢那些帮助过我们的师长、同事和朋友。需要感谢的人还有很多，恕不能一一列举，你们的温暖，铭记于心。

尽管撰写数年，反复修改多次，然因积累和能力有限，本书仍有诸多疏漏之处，敬请各位读者不吝批评指正。

"黄梅时节家家雨，青草池塘处处蛙。"让我们一起走进青蛙的世界，聆听"呱呱呱""咕咕咕""咚咚咚"。让我们试着走进自然，去了解它们的长相，了解它们的特征，了解它们的生活……去学习它们，学习它们的求生技能，学习它们的隐藏功力，学习它们的生存智慧……去保护它们，保护它们越来越狭小的家园，保护它们越来越脆弱的生态链，保护它们越来越珍稀的兄弟姐妹！

朱弼成　毛康珊　齐银

2024 年 5 月 22 日

新疆塔里木（王聿凡 摄）

# 目 录

# 第1章

青蛙长啥样?

看蚁移苔穴, 闻蛙落石层

西藏墨脱西工湖（蒋珂　摄）

　　两栖动物是脊椎动物进化史上的一个重要类群，迄今已存在了 3.6 亿年，发展出了一系列初步适应"登陆"的形态特征和生理机能。两栖动物包括 3 个类群：蚓螈目，没有四肢，有尾巴；有尾目，有四肢，有尾巴；无尾目，有四肢，没有尾巴。现存的两栖动物大多分布在地球上较潮湿的热带、亚热带和温带区域，而在寒带和一些海岛上的种类则较少。温度、湿度和地理屏障等环境与地理因素对两栖动物的扩散及其分布范围起着严格的制约作用。

　　作为一种变温动物，两栖动物需要借助外界环境来调节体温。它们通常利用肺呼吸并辅以皮肤呼吸。两栖动物的皮肤光滑没有鳞片，富含黏液腺，从而维持皮肤的湿润度，打造"会呼吸"的皮肤。眼角膜呈凸形，便于在陆地上"暗中观察"。耳朵结构跟鱼类相比，已经有明显的分化，进化出了中耳结构，可以感受到声波。尽管两栖动物已经具备了初步的味觉感受器，但是嗅觉还不成熟。

蚓螈目代表物种版纳鱼螈（王聿凡　摄）

有尾目代表物种中国大鲵（李健　绘）

无尾目代表物种宝兴树蛙（李健　绘）

## 🐸 青蛙的自画像

青蛙长啥样？大家心中都有一个约定俗成的青蛙画像。每个人都知道这么一首童谣："一只青蛙一张嘴，两只眼睛四条腿"。事实上，青蛙和我们一样，都有鼻子、眼睛、耳朵、肺等器官。

如果让你画青蛙简笔画，那么你可以将青蛙拆分为两个三角形，它们的脊椎很短，头部是一个小而尖的三角形；由于看不出脖子，没有任何过渡就到了胖乎乎的"肚子"，"肚子"又是一个圆润的三角形。青蛙的两只炯炯有神、圆鼓鼓的大眼睛在三角形的头上，非常显眼。你不知道吧？青蛙眨巴眨巴的大眼睛，就是捕食快速运动猎物的"秘密武器"。有上下眼皮的蛙类，却不是利用上下眼皮的开合来睁眼或者闭眼的。它们靠调整眼睛周围的肌肉来实现眼睛的开合。闭眼的动作其实是在挤压眼球，使眼睛进入到眼眶内——暂时不用眼了，也不用做眼保健操了，咱把眼睛收回来歇一歇吧。

金线侧褶蛙的外部形态（李健　绘）

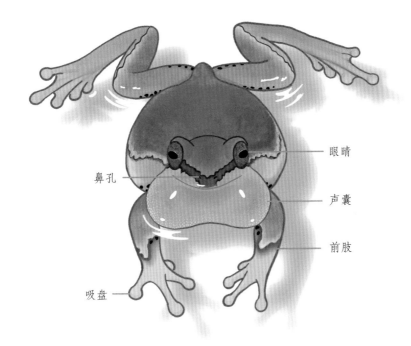

眼睛

鼻孔

声囊

前肢

吸盘

三港雨蛙（丁国骅　供）

鼓膜

后肢

嘴巴

蹼

虎纹蛙（丁国骅　供）

黑斑侧褶蛙（姚忠祎 摄）

  青蛙咧开的大嘴巴几乎与身体同宽，可以吞下你无法想象的"大块头"。虽然不太显眼，但它们确实有鼻孔，平时它们都是通过鼻孔出气的。和人类一样，鼻子既是嗅觉器官，也是呼吸通道。当你们看到青蛙像老人一样吧唧嘴，像是在回味食物的美味时，其实那是它们在进行有节奏的呼吸。

  青蛙大眼睛的后方，通常有一个圆形或者椭圆形的"耳机装置"，那是很薄的鼓膜。它是青蛙"耳朵"的重要部分，蛙类听觉器官还包括内耳、鼓室等结构。雄性青蛙大嘴巴下面是声囊，很多人误以为是白肚皮。当它们鸣叫时，口腔中的空气通过声囊孔被挤压进声囊，声囊鼓起就像吹气球一样。青蛙鼓起的声囊类似一个扩音器，可以利用共振扩大鸣声。不同种类的青蛙，它们声囊的大小、形状和位置都不一样。所以你可能看到有的青蛙鸣叫时下巴正中间冒出一个气泡，有

"跳远健将"花姬蛙（朱弼成　摄）

的青蛙下巴两侧各有一个气泡。

　　一只青蛙有四条腿。它们的前肢短小，而后肢通常要修长得多。不同于人类的手指头和脚趾头都是 5 个，青蛙前肢只有 4 个手指，后肢有 5 个脚趾。不同种类的青蛙，手指和脚趾的长度、形状以及指趾间的蹼都千差万别。

　　青蛙通常警惕地蹲坐着，就像运动员起跑时的姿态一样，前肢撑在地上，后腿像收起来的伞骨一样呈折叠状。遇到危险时，则利用后腿的肌肉快速发力，"一蹦三尺高"，开启"逃生"模式。有些青蛙后肢肌肉的瞬时爆发力惊人，当后肢伸展时，身体结构和肌肉巧妙配合产生的推动力能够实现远距离跳跃，小小的身躯甚至可以跳到自身长度数百倍的距离。你能想象体长不到 2 厘米的花姬蛙一次蛙跳竟可以跳到数米开外吗？

在"蛙泳"的北仑姬蛙（王聿凡　摄）

　　根据栖息环境和生活习性的不同，青蛙的运动技能各不相同。有的青蛙蹲在池塘边，有的藏在稻田里，有的趴在树枝上，有的隐匿于溪流间，有的窝在洞穴里，都在快乐地生活着。它们或是跳远健将，或是攀岩巧手，或是滑翔冠军，或是游泳高手，或是挖掘能手。你以为小朋友暑假去学习的"蛙泳"，是教练自创的吗？准确来说，作为蛙泳祖师爷，青蛙是我们共同的教练。在水里，我们快速蹬击大腿，模仿着青蛙"收－翻－蹬－夹"的动作流程，一气呵成，像青蛙一样使身体快速向前游动。

　　铺垫了这么多，接下来将给大家介绍青蛙王国里的精英代表。在此之前，还有一个问题需要单独提出来聊一聊。幼儿园小朋友都知道男宝宝和女宝宝是不一样的，那么，如何区分雄性和雌性的青蛙呢？两栖动物的两性差异主要表现在身体大小、局部形态特征和色斑等方面。

　　与动物界中流行的"雄性更高更大，雌性更矮更小"的规律不同，大部分雌蛙在体型上比雄蛙大。当然，也有雌雄体型差异不明显的青蛙，甚至有雄性体型

雄性黑眼睑纤树蛙的声囊（王聿凡　摄）

更大的案例，如峨眉髭蟾、福建大头蛙等。

　　声囊是区分青蛙性别的一个好办法。跟人类雄性有突出的喉结类似，大部分种类的雄蛙有声囊。不鸣叫时就能用肉眼观察到的是外声囊，而内声囊则没有那么"亮眼"。雌蛙几乎不会鸣叫，也没有声囊。当然也有一些雄蛙没有声囊，这时就要看其他鉴别特征了，如婚垫、婚刺等。

　　雄蛙前肢第 1 指基部内侧生长局部隆起的肉垫，称为婚垫，少数种类的蛙在前肢第 2、3 指的内侧也有婚垫。婚垫上生长的角质刺，称为婚刺。婚垫和婚刺都是雄蛙在交配时能够紧紧抱住雌蛙的"特殊装备"。

　　角质刺是皮肤局部角质化的衍生物，有些雄性青蛙在上颌外檐长着角质刺，像"胡子"一样；而雌性通常没有。最有名的就是髭蟾这一类物种。胸腺是位于雄蛙胸部呈对称分布的皮肤腺体，一般在繁殖季节十分明显，而且上面通常长着棕褐色或黑色的角质刺，如胸腺齿突蟾、棘臂蛙等。

　　分辨了青蛙的性别后，我们来看一些奇形怪状的青蛙——蛙中的"特长生"。

雄性崇安髭蟾的"胡子"（丁国骅　供）

棘臂蛙前肢上的婚刺和胸腺上的角质刺清晰可见（王聿凡　摄）

比如，呆萌可爱的小丑蛙，世界上最大的青蛙和最小的青蛙，活在地下自带"紫气"的蛙，天生自带建筑工具的铲头蛙，长胡子、戴美瞳的髭蟾，以及从童话里走出来的匹诺曹长鼻子蛙。

## 🐸 又萌又凶的青蛙——小丑蛙

圆眼珍珠蛙，俗称小丑蛙，是一种分布在南美洲的大型青蛙。身体扁平，成年雌蛙的体长可以达到 10 厘米，而成年雄蛙的大小仅有雌性的一半。背部为深绿色或灰色，有橘色的斑点。鼻孔和眼睛被浅绿色勾勒出来，可用于伪装。雄蛙的喉咙呈深蓝色。

小丑蛙会在每年 10 月至翌年 2 月夏季降雨期间形成的临时池塘中觅食和繁殖。夏末，当池塘干涸时，它们用后肢在软泥中挖洞。在干燥的冬季，它们把自己埋在地下一动不动，避免流失过多的水分和消耗过多的能量。一旦雨水汇聚成小水塘，小丑蛙就会从泥土里钻出来活动。

小丑蛙是一个暗夜伏击的高手。它们一动不动地待在水面或软泥中，把眼睛和鼻孔露在外面，等待猎物靠近。粗壮的体型和发达的下颚，它们可以捕食其他青蛙、大型昆虫和蜗牛。当猎物靠近时，小丑蛙就会铆足劲，四条腿用力往后蹬，把身子像弹弓一样"弹射"起来，之后伸出舌头黏住猎物，并张开大嘴死死地咬住。

当遭遇危险时，它们会给自己"打气"，伸展四肢成站立状，让自己看起来硕大无比。如果这样仍然不能吓退捕食者，它们就会猛扑、撕咬，然后发出刺耳的尖叫。"面对捕食者我不能束手就擒，至少要发下疯表明一下抵抗态度，看看能不能吓跑'敌人'再说。"这种反捕食行为令人印象深刻，因此它们又被当地人称作"尖叫的青蛙"。

小丑蛙繁殖一次可产 1400 多枚卵。蛙卵需要在临时水塘枯竭前完成蜕变——这是一场与时间的赛跑。当蝌蚪孵化并开始进食时，场面会变得越发"恐

呆萌呆萌的小丑蛙（朱弼成　供）

怖"。小丑蛙蝌蚪是肉食性动物，甚至会同类相食，这在其他无尾目蝌蚪中十分罕见。更神奇的是小丑蛙蝌蚪拥有接近成年小丑蛙的上下颌骨，支撑蝌蚪下颚的软骨向外侧扩张，形成一个大大的嘴巴，可以吞下整只猎物。

　　尽管小丑蛙有许多有趣的特征，但这个物种仍然鲜为人知，这可能与它们只在夜间活动以及在旱季长时间不活跃的生活习性有关。小丑蛙对栖息地的质量要求十分严格，种群很容易受到森林砍伐、农业或放牧相关活动导致的栖息地退化和丧失的影响。同时，小丑蛙对农药、化肥等污染物和蛙壶菌也很敏感，看上去勇猛无比的小丑蛙，实则是个"弱鸡"。

## 🐸 世界上最小的青蛙——阿马乌童蛙

2012 年，科学家在巴布亚新几内亚发现了一种迷你青蛙，再次刷新了世界最小蛙类的纪录。这种新发现的阿马乌童蛙平均体长仅有 7.7 毫米，比小学生的小指指甲盖还小，当仁不让地摘取了"世界最小青蛙"的桂冠。

此前，地球上已知最小的脊椎动物是一种被称为微鲤的袖珍鱼，成鱼体长的最小纪录是 7.9 毫米。阿马乌童蛙的发现不仅刷新了蛙类体型最小的纪录，而且刷新了脊椎动物体型最小的纪录——青蛙王国"小矮人"实至名归。阿马乌童蛙的背面是深棕色，有一些棕褐色的斑点。侧面和腹面是深棕色和石板灰色，有不规则的蓝白色斑点。

如此迷你的青蛙，很难用肉眼观察到，难道科学家们是用放大镜发现它们的吗？答案是闻声寻蛙！这种平时在我们肉眼很难窥视到的落叶层里蹦来蹦去的小家伙们，个头大小还不如苍蝇。而暴露它们行踪的，竟是它们自己。科学家先听到它们的叫声，然后找到叫声的源头——古有诗人踏雪寻梅，今有科学家闻声觅蛙。黎明和黄昏时分，阿马乌童蛙喜欢在原始森林的落叶层中鸣叫。它们的叫

世界上最小的青蛙——阿马乌童蛙（朱弼成　供）

声由一连串的高音调音符组成，持续 2 ~ 14 毫秒，频率为 8400 ~ 9400 赫兹。由于频率很高，这些叫声听起来很像昆虫的嘶鸣声。因此，绝大部分人不会想到这种嘶鸣声是由一只青蛙发出的。科学家们找到并靠近声源后，把脸贴在地面上，寻找迷你青蛙的踪迹，进而确定这些小家伙的位置。

当然，即便发现了它们，想要徒手抓住它们也绝非易事。阿马乌童蛙像大多数小型青蛙一样，栖息在热带湿润森林的落叶中。这些小东西像蟋蟀一样，一会跳到这儿，一会又蹦到那儿，很难抓住它们。

阿马乌童蛙个子小，数量多，是热带湿地森林生态系统的重要成员——尽管微小，但它们并不渺小！科学家推测它们可能是通过直接发育进行繁殖的，即生命周期不经历蝌蚪阶段，一出生就是爸爸妈妈的模样。然而，由于只观察到雄蛙，人们目前还不知道它们繁殖行为的奥秘。阿马乌童蛙通常选择微小的无脊椎动物作为食物，如蜱螨和跳虫。作为一个"小个子"，阿马乌童蛙很容易被其他动物捕食，因此，它们通常远离水边，选择在高地栖息。

阿马乌童蛙的发现，打破了人们对青蛙和脊椎动物小型化的认知，证明这些小型物种的出现绝非偶然，它们很可能代表着一个未知的生态系统（"小人国"了解一下）。那么，为何这些青蛙体型会如此"微小"呢？

一种观点认为动物缩小身体是对气候变化的适应。有研究表明，由于气候变化，许多物种已经表现出小型化趋势。它们遵循基本的生态和代谢规律，用缩小体型来应对持续的气候变化。童蛙家庭成员栖息环境类型的相似性反映了迷你青蛙类群的独立起源，为小型蛙类占据独特生态位置的科学观点增加了证据。

另一种观点则认为这类青蛙只生活在雨林的落叶层中，缩小成"迷你"体型。也许是一种"不争不抢，只为捡漏"的生存策略，它们可能刚好选择了在一个被其他动物忽略了的"世外桃源"安营扎寨。这些"迷你"青蛙可以靠吃螨虫等"小渣渣"填饱肚子，但对于体型较大的青蛙来说，这些食物还不够塞牙缝呢！

或许，有时候小也是一种优势和幸运！

## 🐸 世界上最大的青蛙——巨谐蛙

世界上最小的青蛙已经揭晓，世界上最大的青蛙是谁呢？

巨谐蛙是世界上最大的青蛙，成蛙体长能够达到 34 厘米，比一张 A4 纸的长边还要长，相当于成年人半个胳膊的长度。体重可达 3 千克，相当于一个刚出生婴儿的重量。有报道称，1989 年有人捕获了一只体长 36.83 厘米、体重 3.66 千克的巨谐蛙。如果这只蛙获得了直立行走的技能，站直后身高可以达到 87.63 厘米，差不多有 2 岁孩子那么高。这项蛙界"吉尼斯世界纪录"估计会被巨谐蛙长期霸榜。尽管身形庞大，但巨谐蛙手指短小。巨谐蛙的后肢约为体长的 1.5 倍，强劲有力。其背部深绿色或橘绿色，有较深的斑点；后肢有黑白色斑点；腹部和四肢内侧呈淡黄色。

世界上最大的青蛙——巨谐蛙（朱弼成　供）

因为没有鸣囊，之前人们猜测巨谐蛙不会鸣叫。然而，我们还是低估了它。最近，人们发现巨谐蛙会发出多种鸣叫声，包括简短的口哨声、啁啾声，还有哀叹生活艰难的叹息声。让人意外的是如此"庞大"的巨谐蛙竟然能发出 4100 赫兹的高频率鸣叫，并且每次能叫 1 ~ 2 分钟。它们总是张着嘴发出鸣叫。雄蛙具有领地守卫行为，为了守卫领地它们会互相摔跤和撕咬，上演传说中的蛙界相扑大赛，过程中伴随着高频的吱吱声。除了高频鸣叫，听力测试显示，巨谐蛙的听觉也很敏锐。

尽管早在 1906 年就有关于巨谐蛙的描述，但人们对这种世界上最大青蛙的自然历史知之甚少。巨谐蛙的筑巢能力很强，它们会充分利用周围环境的特点来筑巢。巨谐蛙主要在溪流边的石块、砂砾上筑巢，巢穴与溪流通过砂砾隔开，但水可以通过砂砾间的缝隙流到巢穴中——这些家伙使用的还是多层砂砾"净化水"呢！它们还会根据具体的场地和材料建筑不同的巢穴，所建巢穴通常为圆形或椭圆形。为了居住得更整洁，巨谐蛙会积极清理巢穴里的落叶和碎屑。

那么问题来了，如此"伟岸"的身躯，它们的巢穴该有多大啊？

科学家测量巨谐蛙的巢穴后得知：巨谐蛙巢穴的平均直径可以达到 102.8 厘米，个别巢穴的直径甚至能够超过 140 厘米，比标准下水道井盖还要大一圈；巢穴的平均深度为 9.1 厘米。

建好了巢穴，巨谐蛙通常在 7—8 月、12 月—翌年 1 月短暂的旱季繁殖，卵团附着在溪流附近的植被或石头上。从卵开始发育到蜕变成蝌蚪，期间它们会一直待在巢穴里。巨谐蛙蝌蚪以水生植物的叶子为食，大约 3 个月蜕变成幼蛙。巨大的巢穴可以为卵的健康发育和蝌蚪的顺利成长提供庇护。但淡水虾类有时会造访巨谐蛙的巢穴，伺机捕食蛙卵。这时成年巨谐蛙会守卫在巢穴周围，保护蛙崽子们。成年巨谐蛙是凶猛的食肉动物，凡是能够被捕获的小东西，如昆虫、鱼虾和小型蛙类，都会成为它的腹中之物。

成年巨谐蛙生活在湍急的河流和瀑布下方水域中，这些水域底部主要是沙子，清澈凉爽（温度在 16 ~ 22℃），富含氧气。虽然成年巨谐蛙一般在夜间活动，但白天它们也会在溪流和河流边的岩石上活动。如果遇到危险，它们会扑通一声跳进水里。有些巨谐蛙甚至能在水面上连续跳跃 7 次，跨度达 3.5 米远——堪称青蛙世界中的"轻功水上漂"。

自古枪打出头鸟！巨谐蛙"巨人般"的形态和模样虽然吓跑了许多小动物，但反而因此引起了人类的注意。因为个头大、肉多，它们成为人类捕食的对象——没想到长得大也是一种罪过。在陆地上，它们很容易被人类捕捉。在水里，虽然会"轻功水上漂"，但终究是逃不过偷猎者在溪沟里布设的陷阱。因为体型大而命运悲惨的巨谐蛙，不知道此时有没有羡慕"迷你"的阿马乌童蛙。

目前，巨谐蛙仅分布于中非喀麦隆和赤道几内亚的一小片区域。在《世界自然保护联盟濒危物种红色名录》中，巨谐蛙被列为濒危物种，主要原因就是人为捕捉和食用。当地居民利用各种工具和陷阱大肆捕捉巨谐蛙，使巨谐蛙的种群数量逐年下降。近 30 年来，由于附近村民砍伐森林、开荒种田以及修建大坝的潜在威胁，巨谐蛙的生活环境正遭受严重破坏。让人欣慰的是，喀麦隆已经将巨谐蛙列为享有特殊保护地位的两栖动物，并且开始进行迁地保护工作，试图拯救这一世界上最大的青蛙。

## 🐸 最像猪的青蛙——活在地下的紫蛙

说起两栖动物中长相与猪最为神似的物种，紫蛙可谓是当仁不让。

紫蛙是一种体型较大的穴居型青蛙，体长 5.3 ~ 9.0 厘米，雄性的大小约是雌性的 1/3。被称为"猪"的蛙，一定具有某种特质，我们来围观一下。紫蛙因非同寻常的吻部，也被叫作猪鼻蛙。它的拉丁名就是源自梵文（古印度文字）中"鼻子"一词。同时它体态浑圆，身形臃肿，活脱脱的蛙版"佩奇"。紫蛙皮肤光滑，背部呈紫色（"紫蛙"的美名即由此而来），腹面为灰色。四肢短小，趾间有蹼，趾端为圆形；每只后足都有一个大大的、像铲子一样的结构，用于挖掘。雄蛙有一个声囊，但没有鼓膜。

紫蛙不仅相貌清奇，生活习性也颇为神秘，人类对这种非同寻常的蛙类了解

外形独特的紫蛙（朱弼成　供）

并不多。紫蛙一生大部分时间都在地下度过，每年露面的时间大约只有两周——好比"微服私访"两个黄金周。只有在季风期有降雨的时候它们才会钻出地表，进行繁殖活动。即便是觅食，也主要依靠特殊的舌头捕食地底的白蚁，这与大多数有掘土习性的蛙类到地面捕食的行为完全不同。一只紫蛙能够在 3 ~ 5 分钟内把自己埋进松软的土壤里。尽管紫蛙的蝌蚪早在 100 多年前的 1917 年便有人发现和记载，然因独特的地栖性和雨季野外科考工作的困难，如此与众不同的紫蛙直到 2003 年才被科学家发现。

　　大雨过后，紫蛙会在洪水泛滥的水塘与溪流中出现。4 月下旬至 5 月中旬的雨夜，雄性紫蛙通常在水塘附近的浅洞里"合唱"来吸引雌性，集体高歌的景象甚至会持续到黎明。由于雄性比雌性体型小太多，它们的抱对方式跟其他蛙类完全不同。雄蛙紧紧地抓住雌蛙的脊柱。然后，雌蛙将雄蛙带到合适的地方产卵，如河边的岩石缝隙中。雄蛙用后腿协助雌蛙将卵排出体外，同时完成受精。紫蛙的卵通常呈团块状。紫蛙采取的是集中爆发性繁殖的策略，它们赶在季风季节前的最早雨季产下大量的卵，一只雌蛙一个晚上能产下 3600 颗卵。紫蛙蝌蚪生活在池塘和溪流中。

紫蛙是一种非常特别而古老的青蛙。它们的分布范围仅限于印度的西高止山区。但科学家通过分析它们的线粒体及细胞核 DNA 的序列，得到了一个令人吃惊的结论——紫蛙与非洲东部塞舌尔群岛上分布的塞舌尔蛙科的成员具有最近的亲缘关系，并且很早就与现存 96% 的两栖动物分隔开来。这一发现说明，印度板块从非洲大陆分离出来后经过漂移撞向欧亚大陆，这为大陆漂移假说提供了有力的支持。

紫蛙的分布范围很窄，加上人类的占用，特别是农作物种植，可生存的森林面积减少了 90% 以上。同时，西高止山的水坝工程也威胁到紫蛙的大部分栖息地，加上当地部落对紫蛙蝌蚪的捕食，使紫蛙种群处于濒危状态。更让人担忧的是，当地目前尚无任何针对紫蛙的保护行动，也未在其分布区域设立保护区或国家公园。

## 🐸 最会用头"躲猫猫"的青蛙——铲头蛙

铲头蛙是一种体型中等偏大的青蛙，雄性体长 4.8 ~ 6.1 厘米，雌性体长 6.5 ~ 7.4 厘米。它们头很大，呈盔甲状，皮肤完全附着在骨头上。扁平的嘴巴，加上上翻扩大的鼻前骨和扩大的上颌，形状很像鸭嘴；鼻子突出，远远超出了下颚的前缘，鼻孔在背侧。该物种的拉丁名含义就是"戴着帽子的"——"帽子"就是指它头上坚硬的、像盾牌一样的结构。铲头蛙眼睛大而突出，眼后方有一个马鞍形突起，悬挂在眼睛的前缘。繁殖期的雄蛙具有黄色声囊和婚垫，声囊上有棕色斑点。

铲头蛙分布在墨西哥、危地马拉和洪都拉斯等地。成体生活在草原上有灌丛和树木的地方，幼体生活在水塘。

当铲头蛙躲在树洞里时，会用头部来堵住洞口。这个头盔还真是物尽其用，就像鸵鸟把头埋进沙子里一样，一举多得。它们的繁殖期在雨季，从 4 月底、5 月初一直持续到 10 月。雄蛙会在离地面约 2.5 米的低矮树木和灌木丛中鸣叫，叫声由一系列快速重复的单个音节组成，类似鸭子的嘎嘎声，有时单个音节的音调还会略微升高。雄蛙和雌蛙在树上抱对，然后转移到水中产卵。它们喜欢在溶

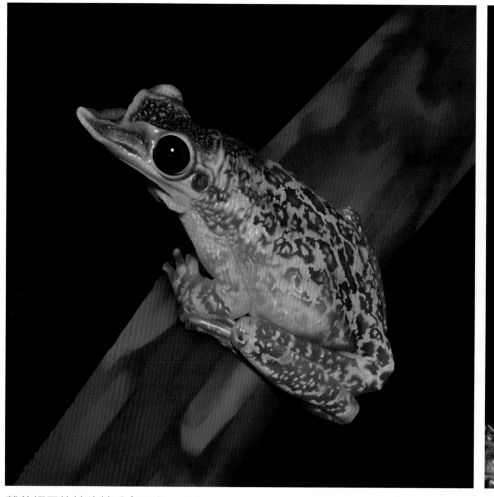

戴着帽子的铲头蛙（朱弼成　供）

坑等临时水体产卵。

　　大体而言，铲头蛙的种群是稳定的。不过，宠物贸易可能会对其有一定的影响，因为宠物市场上有一半的铲头蛙是野生的。

　　铲头蛙神奇的小铲子除了用来堵住洞口，还有什么用途呢？比如挖洞？无独有偶，在我国的海南岛也有一种嘴上戴着"小铲子"的青蛙——鸭嘴竹叶蛙，它俩搞怪的"小铲子"会不会有相同的用途呢？这些问题等待着科学家未来去探索。

鸭嘴竹叶蛙（朱弼成 摄）

## 🐸 最"精分"的蟾蜍——既长胡子又戴美瞳的峨眉髭蟾

作为全球生物多样性重点保护区之一的青藏高原东缘，也叫华西雨屏带，拥有众多珍稀物种。一种特别的蛙类——峨眉髭蟾就生活于此。它长着非常特殊的"胡子"，又戴着过渡色的美瞳，模样反差大，很萌。

峨眉髭蟾是我国特有的一种珍稀濒危两栖动物。因为雄蟾上唇边长有多枚黑刺，也被称为"胡子蛙""角怪"。峨眉髭蟾的背面呈蓝棕色略带紫色，背部皮肤

峨眉髭蟾（李健　绘）

具有网状棱纹，背面和侧面有不规则深色斑点。

　　峨眉髭蟾分布在华西雨屏带、贵州东北以及云南、湖南、广西等个别地方，分布区较分散。它们喜欢生活在海拔 700 ～ 1700 米的植被繁茂的山溪附近，昼伏夜出。白天多隐藏在石头、腐烂的植物堆下面或土穴中，繁殖季节才进入溪流。成年的峨眉髭蟾四肢粗壮，不善跳跃，爬行缓慢，模样既笨拙又可爱。它们主要以蝗虫、蟋蟀、叩头虫、竹蝗、金龟子等小虫子为食。峨眉髭蟾的天敌很多，主要是蛇，有时猴子、狐狸、鹰、野猫、黄鼠狼等动物也会捕食它们。

　　峨眉髭蟾的模式产地<sup>①</sup>是四川峨眉山。早在 1938 年，我国两栖爬行动物学奠基人刘承钊院士随东吴大学（现苏州大学）迁到成都。刚到成都就迫不及待地带领 10 多名师生到峨眉山进行入川后第一次野外采集工作。在为期两个月的时间里，他们发现了许多两栖动物新物种。在 8 月一个平常的雨后夜晚，一位同学抓到了一只眼睛虹彩和爬行姿态奇特的蛙，之后考察队在清音阁、大峨寺等地又多次发现了这种蛙的成体及蝌蚪。刘承钊院士经过多年的文献调研、标本查阅和潜心研究，最终于 1945 年把它定名为"峨眉髭蟾"，确定它为蛙类中的一个新

---

① 模式产地：用于命名的模式标本采集地点。

峨眉髭蟾的生活环境（缪靖翎　摄）

物种，并且建立了一个新属。从此峨眉髭蟾有了自己的"户口本"，它是第一个被我国科学家记录和命名的两栖动物新属物种。峨眉髭蟾的拉丁名"*boringii*"，是刘承钊院士为了纪念他的恩师博爱理教授而命名。

峨眉髭蟾拥有神奇的"胡子"。与其他蛙选择在夏季繁殖不同，随着冬季的到来，峨眉髭蟾的繁殖季节才悄然而至。每年的 2 月下旬至 3 月中旬，雄性峨眉髭蟾的模样便会发生肉眼可见的变化。它的上唇边缘会长出 10 ~ 16 枚黑亮的角质尖刺，犹如一根根竖立且粗壮的胡子。"髭"在古代汉语中的意思就是长而浓密的胡须，髭蟾就是长有"胡子"的蟾蜍。"胡子蛙"和"角怪"的俗称也由此而来。科学家发现，这些角质刺是由细胞角质化形成的。更有趣的是，峨眉髭蟾的"胡子"和人一样，只有雄蟾才有。繁殖季节一过，雄蟾的这些"胡子"又会逐渐脱落，自动消失。

如此神奇的"胡子"究竟有何作用？仅仅是为了凸显雄蟾的英勇帅气吗？这个谜底直到 2011 年才被揭晓。科学家经过长期的野外观察发现，这些特殊的角

长着"胡子"的雄性峨眉髭蟾（王聿凡　摄）

质刺主要用于雄性间打斗。在繁殖期，雄蟾长出的角质刺，就像雄鹿的角，当它们为了争夺同一片区域的领地，以此得到雌蟾的垂青，互相抱在一起扭成一团，在溪谷中或石缝下打斗时，拳打脚踢不过瘾，就用祖传的"钉耙"猛扎彼此。谁的胡须多、胡须大，打赢的概率就大，而"髭"下败将往往只能拖着伤痕累累的身体，落荒而逃。"胡子"除了具有作为"钉耙"的武器属性，还有另外一个功能——筑巢。雄蟾会选择水流平缓且有较大石块的地方，利用嘴和坚硬的胡子把湿润的泥沙处理平整，筑好巢穴，等待雌蟾到来。

　　峨眉髭蟾眼中有星空。如果你眼中的蟾蜍是那种丑陋的形象，那峨眉髭蟾应该可以改变你的刻板看法。长满胡子的它们看上去霸气十足，而它们的双眸却温柔而美丽。峨眉髭蟾眼睛的虹彩分为上下两部分，上半部分是"天青色等烟雨"的那种色泽，在不同的光线下，有时也呈现幽蓝星空的颜色；下半部分则是"五彩斑斓的黑"。在山间溪流的众生灵眼中，仿佛盛满了整个星空。一眼望去，它眼中折射出了万物的魅力，透出了万物的灵性。

峨眉髭蟾（缪靖翎 摄）

峨眉髭蟾蝌蚪（缪靖翎 摄）

峨眉髭蟾蝌蚪和它们的爸爸妈妈一样昼伏夜出，以植物碎屑和水生昆虫为食，它们体型硕大、健壮，身体背面呈棕灰色，体尾交界处有一个浅色"Y"形斑，这是区分它们与其他蝌蚪的独特"胎记"。蝌蚪尾部宽大，尾肌很发达，善于游泳，如小鱼般在石块间来去自如。蝌蚪可以长到10厘米以上，有大人巴掌那么长，因此常被当地人误认为是"蛙鱼"。

## 最爱"说谎"的青蛙——长着长鼻子的匹诺曹树蛙

在童话故事里，匹诺曹因为说谎鼻子越长越长，现实生活中有种青蛙也长有长长的鼻子，它就是巴布亚新几内亚的匹诺曹树蛙！

2008年，科学家在巴布亚新几内亚的一次野外考察中无意中发现了这种树蛙。发现匹诺曹树蛙的过程充满了戏剧性。当时突然下起暴雨，一群科学家被迫返回营地避雨。其中一个科学家在四处观望时，碰巧看到一只绿色、棕色和黄色相间的青蛙趴在营地的米袋上。令人惊喜的是，这种蛙他们之前从未见过。在科学家发现匹诺曹树蛙前，匹诺曹树蛙就已经先找上门了。

这种树蛙鼻子上有一个长长的突起。更有趣的是当它们发出叫声时，鼻子会变长并向上翘起；当处于不活跃状态时，鼻子会缩小并向下耷拉，仿佛童话故事中的木偶匹诺曹说谎时就会伸长鼻子一般。因此，科学家形象地将这种长鼻子树蛙命名为"匹诺曹树蛙"。

长着长长鼻子的匹诺曹树蛙（朱弼成　供）

匹诺曹树蛙属于长鼻树蛙的一种，体型较小，平均体长 2.9 厘米，跟两根手指头宽度差不多。它们身体纤细，大眼睛突出于头部，瞳孔是水平的。小小的鼓膜上有一个明显的环状物。它们喜欢爬到树上，在叶子背面产卵。匹诺曹树蛙分布在巴布亚新几内亚北部的山地森林。

长长的鼻子让它们具有相当高的辨识度！匹诺曹树蛙的鼻子是一种非常精巧的结构，科学家一直想弄清楚匹诺曹树蛙可硬可软、可长可短的鼻子到底有什么用途。一种猜测认为，这种鼻子可以吸引雌蛙，因为只有雄蛙才有长鼻子！然而，科学家观察发现，匹诺曹树蛙求偶和交配时，鼻子的长短变化并没有规律，雌蛙似乎并不偏好长着长鼻子的雄蛙。另一种猜测认为，长长的鼻子能帮助匹诺曹树蛙在物种丰富的森林中识别同类。因为在匹诺曹树蛙的生活区已经发现了至少 450 种青蛙，一不小心就会脸盲，有个与众不同的鼻子或许可以避免认错对象。

科学家推测，匹诺曹树蛙是卵生的，然而，它们一窝产多少卵，能存活多久，至今也没有弄清楚。匹诺曹树蛙生活在未受人类干扰的雨林中，栖息地暂未发现蛙壶菌的存在。未来还需要开展更多调查和研究来掌握这一物种面临的潜在威胁。

## 🐸 尾大不"掉"的青蛙——尾蟾

我们都知道小蝌蚪长大后尾巴就会消失，而有种青蛙长大后依然带着"尾巴"。它就是尾蟾，尾蟾因其雄性具有尾状突起而得名。

尾蟾成体体长 2.5 ～ 5.1 厘米，雄性一般小于雌性。背部通常为米黄色、灰色或红色，分布有暗色条纹或者斑块。身体及四肢纤细，头平扁，没有鼓膜。在繁殖期，雄性的前肢会显著膨大。主要用肺呼吸，但由于肺的结构比较简单，皮肤起着重要的辅助呼吸作用。成蟾能活 15 ～ 20 年。尾蟾是现存最原始的无尾目动物，保留了早期青蛙的一些非常原始的特征。

尾蟾分布于美国西北部和加拿大湿润的森林中。尾蟾蝌蚪进化出了吸盘状的口器，能够牢牢地吸附在急流中的石壁上。成体基本在陆地上生活，但后脚趾间

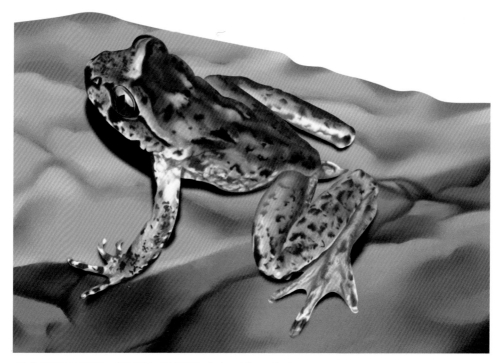

长大后仍然带着"尾巴"的尾蟾（朱弼成　供）

的蹼表明它们也是游泳能手。成蟾夜间沿河岸及附近森林觅食，可吞食多种昆虫等无脊椎动物。

　　雄性成年尾蟾拥有独特的"小尾巴"，它们是蛙类中唯一有这种构造的青蛙。那么，尾蟾在进化过程中保留的"尾巴"到底有啥用呢？这其实不是真正的尾巴，而是由软骨和两片肌肉构成的尾状交配器官。这是尾蟾繁殖期的"神器"。

　　尾蟾的繁殖季节从 5 月持续到 9 月。因为雄蟾没有声囊，也不发出求偶鸣叫，目前尚不知道雌性尾蟾是如何寻找并选择雄蟾的。完成求偶后，交配仪式在水中进行。交配时，雄蟾利用泄殖腔末端的尾状突起将精液注入雌蟾体内。原来，"小尾巴"是尾蟾进行体内受精的工具。交配后，雌蟾通常在湍急溪流中的石块下产下不到 100 枚卵，受精卵被包裹在条状的卵带中。此后孵化出黑褐色的蝌蚪，它们夜间在岩石上觅食藻类。尾蟾蝌蚪完成变态发育的时间不固定，往往需

海南湍蛙蝌蚪依靠吸盘状口器，牢牢吸附在急流中的石壁上（王聿凡 摄）

要 1 ~ 4 年。

森林砍伐等人为干扰活动导致尾蟾的栖息地退化，这是尾蟾种群数量下降的主要原因。面对这些特殊的物种，不要等到它快灭绝了，我们才发出悔不当初的遗憾，它们身上还有许多未解之谜。保护尾蟾正当时！

### 谁的皮肤能毒善变？

与爬行动物"铠甲式"的皮肤不同，蛙类的皮肤通常很薄很软，直接裸露在空气中，摸起来又湿又润，对外界的各种刺激异常敏感，包括温度、湿度、光照、化学物质等。

蛙类皮肤分为表皮层和真皮层，皮肤腺体非常丰富，主要包括黏液腺和颗粒腺。黏液腺能分泌透明的黏液，起到湿润皮肤和调节体温的作用。当受到刺激时，有些蛙类会从皮肤上的疙瘩——毒腺分泌有毒的"白浆"。蛙类皮肤上还含有多种抑菌、防御天敌的生物碱和多肽等活性物质，这些物质具有抗炎、抗肿瘤、镇痛麻醉等潜在功效。

蛙类皮肤能吸收空气和水中的氧气，起到辅助呼吸的作用。大多数蛙类的皮肤光滑水润，当然也有一些例外，有些蛙会长出婚垫和角质刺等疣状物。

蛙类真皮层富含色素细胞，它们能够感知环境中的光线、温度和体内激素水平的变化。在光线较强、温度越高、湿度越小的环境下，体色会变浅；相反在阴湿条件下，体色则会变深。这样不仅能使身体最大限度地接近环境底色，还能调节身体对热量的吸收和消散。

有些蛙类还能在绿色背景中，将皮肤调节成接近半透明的颜色，淡化自身的亮度和轮廓。近年来，科学家还发现一些蛙类的皮肤具有荧光分子。如此神奇的生物智能"迷彩服"，你不想有一件吗？国防专家、军事专家和仿生专家一直以来都在"琢磨"青蛙皮肤的奥秘，希望有朝一日能给自己或给研究对象穿上"青蛙衣"。

下面我们来看看穿着迷彩服的癞蛤蟆——花背蟾蜍，喀斯特洞穴中的魅影——红点齿蟾，以及皮肤自然发出荧光的圆点树蛙。

## 穿着迷彩服的癞蛤蟆——花背蟾蜍

蟾蜍，俗称癞蛤蟆。有一种蟾蜍却身披彩色花衣，它就是花背蟾蜍。雄蟾背面多呈橄榄黄色，皮肤粗糙，耳后腺[①]大而扁平。雌蟾背面色斑鲜艳，整个背面呈黄白色，上面有明显的浅绿色或棕黑色花斑，背正中多有浅色脊纹，皮肤较光滑，仿佛穿着迷彩服的士兵——花背蟾蜍的名字也由此而来。至少与其他蟾蜍家族的亲戚相比，花背蟾蜍可以称得上是"蟾蜍西施"了。雄蟾内侧三指的基部有黑色婚垫，主要用于繁殖期抱对。

——————————

① 耳后腺：两栖动物的眼后、枕部两侧的皮肤腺。

花背蟾蜍（雄）　　　　　花背蟾蜍（雌）

花背蟾蜍（一）（费梁　供，王宜生　绘）

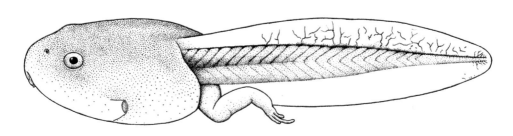

花背蟾蜍蝌蚪（费梁　供，王宜生　绘）

　　花背蟾蜍在我国分布甚广，种群数量多。它们适应性极强，可以生活在半荒漠、盐碱沼泽、林间草地和高寒湿地等多种环境，这让许多脊椎动物"望尘莫及"。花背蟾蜍白天常躲在土洞、石穴中，黄昏后外出觅食，主要捕食地老虎、蝼蛄、蚜虫、金龟子等昆虫及其他小动物。繁殖期在 3 月下旬至 6 月上旬，它们喜欢在静水坑、池塘里产卵，卵呈胶质管状。

　　是什么原因让这种古老的两栖动物战胜了如此苛刻的环境呢？秘诀在于它们的终极武器——盔甲般的皮肤。野外观察发现，花背蟾蜍的幼蟾很小的时候就能在离池塘很远的地方活动了。花背蟾蜍的皮肤是一个特殊的系统，不仅担负着呼吸和维持水分的功能，还能在高寒湿地环境中抵抗紫外线辐射等伤害。

花背蟾蜍（二）（史静耸　摄）

　　另外，花背蟾蜍的"迷彩服"还自带防御功能。当受到捕食者袭击时，它们会立即从耳后腺和体表分泌乳白色的浆液，这种液体对食肉动物的口腔具有强烈的刺激性。如果溅入眼睛，甚至会导致失明。这就是蟾蜍在长期进化中形成的一种自我保护手段。因此，就连视蛙类为美味佳肴的蛇在很多时候也不敢轻易吞食蟾蜍，这使得蟾蜍能够毫无顾忌地"闯荡天涯"。

　　因为体温会随着环境而变化，所以花背蟾蜍并不能依靠皮肤来御寒。它们在低温环境下倾向于通过降低体内的新陈代谢速率，采取集体冬眠（抱团取暖）的方式熬过寒冷的冬季。当温度下降到10℃后，花背蟾蜍用它们强壮有力的后腿在地上掘土打洞，趁着温度还未跌破冰点前进入沙土深处冬眠。冬眠的时候，它们的心跳放缓，新陈代谢速率大大减慢，仅依靠皮肤进行呼吸，即便几个月不吃不喝也没有关系。无数的花背蟾蜍挤在一起，抱团取暖，抵御严寒。

　　花背蟾蜍喜欢在暴雨后的早晨和黄昏，在路边或草地上活动。传统观点认为，和其他蟾蜍一样，花背蟾蜍不擅长跳跃，爬行缓慢。然而，在亲眼目睹过几次后，我们发现花背蟾蜍在躲避天敌时爬行的速度并不慢，至少比人们想象中要灵活得多。

大多数人都听过青蛙的鸣叫，相比之下听过蟾蜍鸣叫的人并不多。在繁殖季节，雄性花背蟾蜍会发出低沉的求偶鸣叫以吸引雌性前来"赴约"，鸣声很像小鸭的叫声，悦耳动听。如果一只雄性花背蟾蜍被另一只雄性抱上，它会发出释放鸣叫，意在告诉对方"放开我，你抱错蛙了"。随后，两只雄性蟾蜍就会分开。

蛤蟆功是金庸小说里欧阳锋练过的一门极其厉害的功夫。发功时，人蹲在地下，双手弯与肩齐，嘴里发出咯咯叫声，宛似一只大青蛙做出相扑的姿势。而这一原形就来自蟾蜍。一旦触碰花背蟾蜍，它们的身体会明显膨大，皮肤上的疣粒会竖立，挣脱后很久才能慢慢恢复原样。花背蟾蜍这种"自我膨胀"的行为具有警告和恐吓捕食者的效果，是一种有效的反捕食策略。

花背蟾蜍的捕虫本领丝毫不逊于青蛙，一天捕食的虫子是青蛙的好几倍，是不折不扣的捕虫能手。花背蟾蜍的捕食行为也十分有趣，它们发现地面上的昆虫后，立即静止不动，两眼专注地盯着猎物，只要猎物一动便迅速伸出舌头将昆虫卷入口中。

然而即便是这样一种适应性强、能帮助人类大量捕虫的小动物，也逃脱不了被人类捕食的厄运。"蟾蜍全身都是宝"，正是因为这句话，给它们惹来了杀身之祸。

## 洞穴里的魅影——红点齿蟾

有一种神秘的生灵，小时候生活在几乎完全黑暗的喀斯特溶洞深处，成年后在洞穴内"飞檐走壁"。它不是武侠小说中掉入洞穴习得绝世武功的男主角，而是我们将要介绍的一种蛙类。

红点齿蟾是 1979 年由刘承钊院士命名的我国特有物种，在湖北、四川、贵州等喀斯特地貌地区均有分布。红点齿蟾白天一般在石灰岩溶洞内穴居，晚上外出觅食。它的蝌蚪比一般蝌蚪要大得多，体长达到了 10 厘米以上（帮你复习一下，上一个提到的体长超过 10 厘米的蝌蚪是峨眉髭蟾）。此蝌蚪有超强的角质颌，方便刮取石壁上的藻类。

喀斯特天坑地貌（缪靖翎 摄）

　　成年红点齿蟾的颜值可谓惊艳。身体背面呈现深紫黑色或紫褐色，腹面皮肤呈浅灰棕色，身体两侧及靠近尾部侧面的橘红色斑点异常鲜艳，绚烂夺目。而生活在洞口或洞外的成蟾，由于经常外出洞穴觅食，背部皮肤整体为灰黑色。它把自己打扮得土里土气再出门，免得被人盯上……

　　红点齿蟾蝌蚪的面庞可谓鬼魅。生活在洞穴内外的蝌蚪有着截然不同的面庞。因长年生活在喀斯特溶洞的暗河里，没有光线，皮肤缺乏黑色素呈半透明状。越靠近洞穴深处，蝌蚪的颜色就越浅，浅到几乎完全透明，甚至可以从腹面清晰

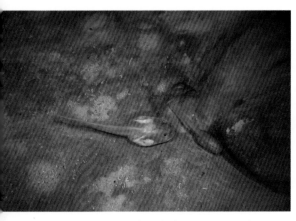

红点齿蟾蝌蚪（一）（缪靖翎 摄）

红点齿蟾蝌蚪（二）（缪靖翎 摄）

36

地看到它们的内脏和白色的脊柱。因此，红点齿蟾蝌蚪被当地人称为"透明鱼"或"玻璃鱼"。而受光线的影响，生活在洞外或洞口的蝌蚪则呈现深紫色或紫褐色。

蝌蚪的"黑化"过程十分迅速。洞穴内原本几乎透明的蝌蚪，若暴露于阳光下，蝌蚪的背部颜色能在 15 个小时内快速变成灰黑色。黑色素细胞在相关基因的精准调控下，既能够满足平时在黑暗条件下极低的色素含量，又能够保证在光照后极短时间内从头合成，从而在感光后皮肤迅速黑化，以抵御紫外线辐射和隐蔽自己。这是一个适应洞穴生活的典型代表性物种。

红点齿蟾可谓天赋异禀。前肢较细长，后肢较短，具铲形的凸出物，用于挖掘。细长的手指，让它们在洞穴石壁上攀爬自如；若遇到危险还能跳入水中游走，是"铁人三项"全能选手。

长得漂亮又特殊的红点齿蟾，自然受到了更多人的关注。这一关注，就难免有危险。因其蝌蚪期长达 2 年，发育周期缓慢，且对生活环境的要求较高。受人类活动影响，它们种群数量不太稳定，目前处于易危状态。

洞穴精灵红点齿蟾（缪靖翎 摄）

红点齿蟾（缪靖翎　摄）

## 会发荧光的青蛙——圆点树蛙

圆点树蛙是一种中等大小的青蛙，主要分布在南美洲。圆点树蛙的体色在白天和黑夜会呈现出不同的颜色。白天，在日常的光线照射情况下，圆点树蛙身体为浅绿色，其间有很多红色圆点。而夜晚在皎洁月光的照耀下，圆点树蛙身体发出蓝绿色荧光。它们背侧有线条和零星的红点，也是圆点树蛙名字的由来。圆点树蛙是科学家第一次发现"自带光芒"——会发荧光的两栖动物。

荧光蛙的发现来自偶然。科学家在研究青蛙皮肤色素的过程中，发现在紫外灯照射下，圆点树蛙通体发光。发光的原因来自皮肤淋巴及腺体组织中的 3 种荧光分子。就像遥控器能调节音量一样，荧光成分能够控制发光亮度，并且很神奇地跟月亮的阴晴圆缺扯上了关系。科学家观察发现，十五月圆之夜，圆点树蛙皮肤的亮度会增加 18%，而初一新月时皮肤亮度会增加 30%。全智能"月控"发光蛙，你不觉得神奇吗？

科学家猜测，这种荧光有可能是它们辨识同伴的特殊方式。地球上很可能还有其他会发荧光的青蛙，大家将来有机会可以带着紫外线手电筒去野外寻找它们的踪迹。

圆点树蛙的皮肤会发荧光（朱弼成　供）

## 呼吸是一件重要的事！

对人类和其他所有动物来说，呼吸的重要性不言而喻！

两栖动物呼吸器官的过渡性十分明显。幼体用鳃呼吸，成体主要使用肺进行呼吸，皮肤呼吸约占 30%，口腔黏膜也能呼吸（约占 10%）。两栖动物用肺呼吸时，空气主要靠"吞"入。吸气时，青蛙闭着嘴巴，口腔底部下降的同时通过鼻腔吸入大量外界空气，再关闭鼻孔并收缩下巴肌肉，将口腔内的空气压缩进入肺，进行气体交换。这个过程被老一辈科学家形容为"唧筒"作用，很多小朋友都没见过"唧筒"这个东西，可以想象一下脚踩式充气球或者自行车打气筒的场景。但有些水栖种类，其肺部会发生退化甚至消失，完全依赖皮肤呼吸。有"肺"的两栖动物在冬眠或夏蛰时，也几乎完全用皮肤呼吸。

下面我们来看看为了呼吸拼到"怒发冲冠"的"金刚狼"蛙和"没心没肺"的平头蛙吧。

## 长满毛发的青蛙——壮发蛙

你见过长满毛发的蛙吗？它暴怒时秒变"金刚狼"！

壮发蛙是一种大型青蛙，雄蛙体长9.8～13厘米，雌蛙体长8～11.3厘米。雄蛙比雌蛙大，这在雌蛙动不动就是雄蛙数倍大的青蛙世界里并不多见。壮发蛙体型健壮，肌肉发达，四肢有力。鼓膜明显，大约是眼睛直径的一半。背部一般为橄榄绿色或棕色，分布有黄色斑点。雄蛙有一对咽下内声囊。尽管体型健壮，但它们的肺却很小。

壮发蛙主要分布在喀麦隆、刚果、尼日利亚和安哥拉等国的热带、亚热带雨林、河流、农场及森林等处，其蝌蚪在湍急的水流或瀑布里生活。

平时，壮发蛙喜欢在雨林里闲逛，把自己吃得饱饱的。随着雨季的到来，它传宗接代的任务就来了。雄蛙会提前踩点，在溪流中选择较平缓的河段耐心地等待来自森林中的新娘登场。雄蛙拇指基部，有一块棕黑色的突起物——婚垫，能在抱对时增大摩擦力。

交配后雌蛙在水下产卵，卵均匀附着在岩石上。壮发蛙的宝宝很幸福，因为蛙爸和蛙妈一起孵育它们。小蝌蚪孵化出来后，会在蛙爸选择的巢穴里生活一段时间，有些"冒险家"会前往瀑布"冲浪"。为了适应湍急的水流，蝌蚪腹部长

长满毛发的壮发蛙（朱弼成　供）

有吸盘，能够吸附在岩石或水下植物表面。壮发蛙蝌蚪很强健，长有多排角状牙。之后蜕变成幼蛙，爬到地面上生活。成蛙以蛞蝓、蜘蛛、甲虫和蝗虫等小动物为食。壮发蛙寿命大约是 5 年。

之所以叫"壮发蛙"，不是因为它们体型健壮，肌肉发达，而是因为繁殖期时，雄蛙躯干体侧和大腿上会长出像头发一样的皮肤衍生物。因此，壮发蛙绰号又叫"多毛蛙"。这些"头发"的血液交换能力很强，作用相当于蝌蚪早期时的外鳃，因此，这些雄蛙可以在水里获取氧气，能在水下停留更长时间，不需要频繁地浮到水面换气，这对要在水下照顾蛙卵的蛙爸来说十分重要。浓密的"毛发"起到了重要的呼吸作用，大大弥补了壮发蛙肺呼吸作用的不足，即用"毛"呼吸。大自然给你关了一道门，同时也会给你打开一扇窗。

壮发蛙的肺虽然小，那也强过没有肺的婆罗洲平头蛙！

## 🐸 没有肺的青蛙——婆罗洲平头蛙

婆罗洲平头蛙又叫加都巴蟾，是一种中等大小的蛙类，雄蛙体长 6.6 厘米，雌蛙体长 7.8 厘米。头部宽大，极度扁平、凹陷，就像理了个平头的发型。手脚粗壮，指（趾）间都有蹼，指尖明显扩大成圆盘状。手和脚像桨一样，方便游泳。背部棕色，带有黑色斑纹。雄性没有声囊。

婆罗洲平头蛙分布于印度尼西亚的婆罗洲。常年生活在雨林里水深 0.5 ~ 5 米的湍流中，皮肤十分光滑。通常躲藏在溪流大岩石下，数量稀少，仅见于加里曼丹寒冷的溪流中，因此很难看到它们的身影。

早在 1978 年，科学家就发现了婆罗洲平头蛙，但因为数量太少，只获得了 2 件标本。实在太珍贵了，科学家舍不得对标本"下手"，一直珍藏着，没有进行解剖学研究。直到 2008 年，科学家终于幸运地再次发现了它们的踪迹，在捕捉到青蛙后进行了解剖。科学家意外地发现婆罗洲平头蛙的身体内部构造十分独特：它们的食道开口直接通向胃部，体内竟然没有肺。这是迄今世界上发现的唯一一种没有肺的青蛙！

婆罗洲平头蛙有正常的胃、脾和肝脏，而肺则由不明软骨组织代替。肺是青

没有肺的婆罗洲平头蛙（朱弼成　供）

蛙的第一呼吸器官，那"没心没肺"的婆罗洲平头蛙是如何活下来的呢？答案就在皮肤这一辅助呼吸器官上。

作为变温动物，青蛙对氧气的需求很低。跟哺乳动物相比，只占到同等体型哺乳动物的10%。既然用不到这么多氧气，是不是呼吸器官肺就可以不要了呢？蛙看行！

无肺的婆罗洲平头蛙可能是为了更好地适应湍急的河水。这样的水域中富含大量的氧气，它们身体演化得异常扁平，增加了皮肤吸收氧气的面积与效率。此外，因为没有肺，婆罗洲平头蛙更容易沉入水底，而不会像其他青蛙一样可以漂浮在水面上。

事实上，婆罗洲平头蛙早已被列为濒危物种，森林砍伐和金矿开采造成的栖息地丧失，让这些敏感而弱小的生灵陷入了生存危机。

## 吃喝拉撒

那只扬名立万的癞蛤蟆最后究竟有没有吃到天鹅肉，我们不得而知。虽然"吃喝拉撒"是蛙蛙的隐私，但为了全方位360度无死角认识这位动物朋友，在这里我们简单介绍一下它们的饮食习惯。

自农耕文明开始，青蛙就和农业活动紧密地联系在一起了。农民伯伯视青蛙为捕虫能手、农田卫士，因为它们的食物很大一部分是害虫。生活在稻田、林间、溪流等不同环境中的青蛙，由于环境差异，它们的食性也有所不同，但大都以昆虫等小动物为主。蛙类的"荤菜"中，70%以上是昆虫，如卷叶虫、稻螟、金龟子、蝗虫、蝼蛄、蚂蚁等。除了昆虫，蛙类还喜欢吃蜘蛛、千足虫、蜗牛、田螺等"大硬菜"和蚯蚓、蛞蝓、小鱼等"小耙菜"。

以生活在水稻田里的青蛙为例，其一生能吃掉大量稻螟、稻飞虱等害虫，可以有效地控制农业害虫的数量，使水稻的虫灾率降低20%以上，大大减少了农药的使用。科学家统计过，一只青蛙平均每天能吃70只害虫，一亩稻田里只要有10只青蛙，就能保证基本没有虫害。它们还能吃掉小朋友最讨厌的蚊子，对昆虫传播的农业病害与人类传染病，都能起到有效的防治作用。

不过，从青蛙的食谱来看，它们也会吃掉一些对农事活动有益的虫子。古人已经观察到青蛙多样化的食谱了。正如歇后语：吃了萤火虫——肚子里明；青蛙吃黄蜂——倒挨了一锥子。蛙的胃里还发现有叶片、种子等食物，但数量比较少，估计是给这只肉食动物当了调味料吧。

青蛙大多长着大大的眼睛，搭配着大大的嘴巴，两者连在一起，就可能影响青蛙的正常生活，所以只好将"错"就"错"，因为有时候大大的嘴巴囫囵吞下了大大的食物，那就借用大大的眼睛当刮勺吧。"妈妈，这个蚱蜢太大，我吞不下去。""什么？食物太大吞不下去？简直丢'蛙脸'。赶紧的，用你的眼睛把它们刮下去啊。"因为蛙类只有上眼眶没有下眼眶，大眼睛和口腔之间仅有一层薄软的隔膜，所以它们有时候利用大眼睛将食物挤入口腔。这就是为什么青蛙每次吃东西的时候总会闭上眼睛。

水里的动物自带"汤池"，可以边吃肉边喝汤，而陆地上的动物则没有"汤泡饭"，它们需要解决食物干燥、难以吞咽的难题。登上陆地的两栖动物有妙招，它们进化出唾液腺，可以分泌黏液，润湿食物，辅助吞咽。这完美解决了青蛙无法吞咽干燥食物的难题。

幼儿园小朋友都知道，青蛙捕食害虫一般是一动不动地蹲在隐蔽的地方，等猎物经过的时候利用可伸缩的舌头瞄准猎物，将猎物粘住后再"拖"进嘴里。青蛙的舌头是特有的、从两栖动物才开始出现的真正意义上的舌头。舌根附着在下颌前部，舌尖游离并且多数有分叉，发现猎物时，舌头可以飞速从嘴里弹出。舌头上自带的堪比 502 胶水的黏液，能够牢牢粘住想要逃跑的虫子。

大家可能在动画片或短视频里看到过青蛙捕食的慢镜头。正因为感兴趣，科学家利用高速摄像机拍下了青蛙捕食的全过程。青蛙捕食过程"快、准、狠"，舌头显现出四个特点。

第一点，伸出速度奇快。相对青蛙的运动速度，昆虫扇动翅膀的频率很高，飞行速度也很快，蜜蜂每秒能够振翅 200 次，1 秒钟可以飞行 8 米。蚊子振翅频率为每秒 500 次，平均飞行速度为 0.5 米每秒。如果青蛙捕食速度太慢，食物早就飞走了。所以它们练就了一个"快舌功"——青蛙舌头能在 0.07 秒内完成一次发射并收回。人类眨一次眼的时间是 0.2 ~ 0.4 秒，也就是说，一闭眼一睁眼的过程，青蛙已经抓住 3 只虫子了。

第二点，拉伸重量奇重。从青蛙的食谱就能看出我们对它的胃了解不够深入。蟋蟀、甲虫这些都是小菜一碟，有些青蛙还会捕食老鼠、鸟类等体型较大的动物。这么重的食物，那么小的"弹簧舌"能拖回来吗？答案是肯定的，青蛙的舌头可以拉起体重 1.4 倍以上的物体。

第三点，质地奇软。有些蛙类的舌头，是所有测量过的生物材料中最柔软的。接触到昆虫后，舌头就会变形，以最大的接触面与昆虫体表结合，像是一个高黏性的"魔爪"将昆虫包裹住。

第四点，表面黏性奇高。青蛙舌头在捕食过程中，不仅速度快，加速度也很惊人，瞬时加速度可以高达重力加速度的 12 倍。一只体重仅仅 0.5 克的蟋蟀在进入青蛙的肚子之前，感受到舌头的接触，就如同被一枚 5 克的硬币"哐哐"狠砸了一下。食物没被砸飞，而是黏在舌头上送回嘴里来了，这依靠的是舌头表面强大的黏性。舌头的肌肉和唾液等因素叠加，保证了舌头的黏性。当舌头收回时，唾液重新凝成黏糊状，就好比被淀粉糊或蜂蜜黏住了一样，昆虫被唾液糊一把"薅"走了。青蛙唾液的黏度达到了人类的 50000 倍。青蛙每次先黏完一只昆虫，再用自带的眼珠子"刮勺"把食物刮进肚子里。

很多人不知道青蛙有牙齿。你没听错，青蛙长牙了。只是我们没有注意，因为就算你捉住了一只青蛙，更多的感觉可能是皮肤黏哒哒的，而不会掰开它的嘴巴，去摸嘴里到底有没有牙齿。现在来个冷知识，在 7000 种现生蛙类里面，很多蛙类的上颚都是有牙齿的，尽管这些牙齿只有 1 毫米长，但它们的牙齿能终生更换。跟其他脊椎动物的牙齿具有咀嚼功能不同，两栖动物的牙齿只能起到咬伤猎物和防止猎物逃脱的作用。通过给青蛙拍 CT，我们能清晰地看到青蛙上颌密密麻麻的牙齿。

目前科学家发现了两个牙齿不一样的"显眼蛙"，一个是青蛙界牙齿最多的冈瑟袋蛙；另一个是长着特制"獠牙"来修炼"锁喉功"的獠齿幻蟾。

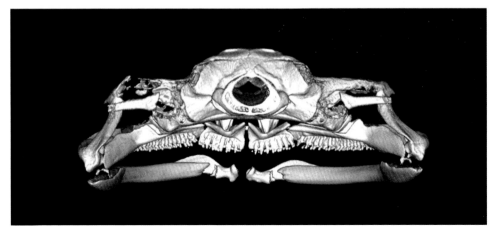

棘胸蛙上颌的牙齿清晰可见（蔡炎林　供）

## 世界上牙齿最多的青蛙——冈瑟袋蛙

冈瑟袋蛙是一种大型青蛙，雄蛙体长 6.8 ~ 7.6 厘米，雌蛙比雄蛙稍大。冈瑟袋蛙的名字是为了纪念著名的动物学家阿尔伯特·冈瑟（Albert Günther）。冈瑟袋蛙身体强壮，眼睑上方有明显拉长的三角状突起，仿佛头上长了犄角。手指和脚趾细长，手指上的吸盘大而圆。背部呈褐色，有褐色或红色的斑纹。

冈瑟袋蛙分布在厄瓜多尔，一般栖息在海拔 1200 ~ 2010 米的原始森林及边缘。它们是夜行性动物，成蛙喜欢在离地面 5 ~ 10 米的树枝上活动；幼蛙则在离地面 1 ~ 2 米的灌木上活动。

冈瑟袋蛙通过直接发育繁殖，后代在雌蛙的背囊中发育（袋蛙的名字由此而来，想想袋鼠）。怀孕雌蛙的背囊中装有 12 ~ 15 个卵。它们的繁殖季节很长，

冈瑟袋蛙捕食小型蜥蜴（朱弼成　供）

覆盖全年。

冈瑟袋蛙与其他蛙类最大的不同在于，它们有一口"好牙"。几乎所有蛙类只有上颌有牙齿。但是只有一种蛙类，就是本篇的主角——冈瑟袋蛙，它的下颌也长有牙齿。

想弄清楚冈瑟袋蛙的牙齿并不容易，因为从 1996 年以后就没有人看到过它们了，甚至在那之前，也很少有人发现或研究过这种蛙。在博物馆的珍藏中，这种青蛙的标本也很少，全世界可能还不到 30 号。

科学家只能借助显微电脑断层扫描仪探看已保存在酒精中数十年的 6 只冈瑟袋蛙标本的头骨。结果发现冈瑟袋蛙的下颌也长满牙齿。它们的下颌牙齿跟其他袋蛙上颌长的牙齿非常相似，是真正的牙齿。

早在 4 亿年前，动物的牙齿就进化出来了。牙齿并不能直接反映竞争优势，如柔弱的鸡和体型巨大的蓝鲸，都没有牙齿。然而，在脊椎动物长期的演化进程中，牙齿的"有"或"无"似乎成了一件凌乱的历史谜案。

那么，蛙类下颌的牙齿是什么时候消失的呢？或者说冈瑟袋蛙的牙齿又是什么时候长出来的呢？科学家建立了 170 种青蛙之间的演化关系，绘制出了 2.3 亿年前蛙类失去下颌牙和冈瑟袋蛙重新长出牙齿的时间线。在漫漫的进化长河中，蛙类在"有牙"和"无牙"的状态之间交替，反复跳转了 20 多次，超过了其他脊椎动物。一些无牙的蛙类在几百万年前因为种种原因又重新"武装"了牙齿。冈瑟袋蛙的下颌齿大约是在 2000 万年前重新长出来的。事实上，它们仍然保留着牙齿生长所需要的全套基因，不需要从零开始重新演化出牙齿，只不过是把牙齿放回 2 亿多年来没长牙齿的地方而已。

冈瑟袋蛙重新演化出下颌牙齿，有力地反驳了"演化不可逆"法则，对于进化生物学的理论发展具有重要意义。然而，这仍然没有回答"冈瑟袋蛙为什么要重新长出下颌牙齿"这一问题。

大部分蛙类都喜欢吃小昆虫，它们通常更依赖舌头而不是牙齿来捕捉昆虫，所以牙齿并不是最重要的。然而，冈瑟袋蛙的胃口很好，除了小昆虫外，它们甚至会吃蜥蜴和其他蛙类等体型较大的猎物。在追捕较大的猎物时，下颌的牙齿或许有助于咬紧扭来扭去的猎物。但如果重新演化出牙齿是为了让冈瑟袋蛙享用更大块头的猎物，那为什么其他肉食蛙类没有跟冈瑟袋蛙一样演化出下颌齿呢？有些蛙类，像来自南美洲、体型硕大的角蛙却是通过下颚骨的延伸来"充当"锋锐的尖牙，从而咬紧猎物。因此，仅依靠自然选择不足以解释为什么冈瑟袋蛙重新获得了下颌的牙齿。

如果能够比较冈瑟袋蛙和其他蛙类的胚胎发育的异同，或许能够解开控制牙齿脱落或生长的基因开关之谜。因此，科学家希望在这种蛙身上进行一些发育遗传学研究，然而，现在光是见到活着的冈瑟袋蛙都不太现实，更别说用大量新鲜胚胎做研究。厄瓜多尔和哥伦比亚的云雾森林遭到农业和伐木的破坏，使得冈瑟袋蛙的数目锐减。已经接近 30 年没有人在野外见到过活的冈瑟袋蛙了，有些人担心这个物种可能已经灭绝了。

## 🐸 长着一对獠牙的蟾蜍——獠齿幻蟾

獠齿幻蟾是一种中等大小的蟾蜍，因其下颌正中有一对突出的獠牙而得名。雄性体长 5 厘米，雌性略短。雄性的头部非常大，几乎和身体大小相当；背部布满小瘰粒；背面颜色为棕色或灰蓝色，腹面黑白相间。

獠齿幻蟾有两个独特的地方：其一，雄性的体型比雌性更大；其二，成体下颌正中有两颗"獠牙"。准确来讲，这两颗"獠牙"不是牙齿，跟冈瑟袋蛙的牙齿完全不同，而是下颌骨的衍生物。雌雄都有"獠牙"，但雄性的更大。这对"獠牙"可不是用来"干饭"的。而是在争夺水塘和溪边的鸣叫地点时，雄性会用这对"獠牙"相互打斗，通过抓住对方的嘴来锁住下巴——"蛙版锁喉功"。

獠齿幻蟾分布于澳大利亚昆士兰州和新南威尔士州的沿海地区。成体生活在海拔不超过 400 米的旷野和森林里，幼体生活在溪流和水塘中。

每年 9—12 月，是獠齿幻蟾的繁殖期。雄性通常躲在岩石下或在隧道和洞穴内鸣叫。雌性在落叶堆下产卵，每次超过 600 枚，包裹在泡沫状卵泡里。卵在几天后孵化，蝌蚪平均需要 2 ~ 3 个月的时间才能完成蜕变。研究发现，雄性体型越大，繁殖成功率越高。

獠齿幻蟾（朱弼成　供）

　　20 世纪 70 年代中后期，獠齿幻蟾差不多从新英格兰高原消失了，原因尚不清楚，该地区的獠齿幻蟾被列为濒危物种。尽管目前獠齿幻蟾在澳大利亚沿海地区较为常见，但是科学家已经发现了感染蛙壶菌死亡的案例。

獠齿幻蟾巨大的"獠牙"（朱弼成　供）

该物种的主要威胁因素还包括农业和城市发展造成的栖息地退化与丧失。

　　前面提到了，蟾蜍没有牙齿，那它们怎么咀嚼食物呢？青蛙有牙齿，那它们会跟人类一样吧唧嘴，咀嚼食物吗？其实，青蛙的牙齿并不是用来咀嚼食物的，不管有没有牙齿，青蛙和蟾蜍通常都通过吞咽的方式进食。没错！就是"狼吞虎咽"。

## 甲虫的"菊花"逃生记

青蛙在捕食昆虫时，一般不会去分辨昆虫的种类，几乎是个虫子都吃。当青蛙囫囵吞下食物后，其他都交给消化器官处理。不过，大多数消化腺分泌物不含消化酶。一般情况下，青蛙吞下虫子后，基本就宣判小虫子生命结束了。然而，事情总有例外。难道吃进去还能吐出来不成？

当蛙蛙们不小心吃了不愿意坐以待毙的虫子后，会有非常"惊悚"的事情发生。比如，当青蛙不小心吞了步甲后，精彩的"碰撞"就发生了。这里不得不多提一下步甲，这是一个拥有"生化武器"的厉害角色，它在受到危险时能够放出高温、刺激性化学物质。当青蛙不小心吞下步甲时，消化道会立刻受到"毒液"的攻击，青蛙会条件反射地将甲虫吐出来，后者会得意洋洋地逃之夭夭。看到这儿你被恶心到了吗？

趁恶心劲儿还没完，跟大家讲点更有趣的。

几乎所有被吞的甲虫都会被青蛙消化掉。然而，一种很小的梭形瑞牙甲天生命大，不小心被青蛙囫囵吞下后，居然还能在消化道里临危不惧，挥舞着小手和小脚，顺畅（肠）爬行。有超过90%的个体，在不到两个小时的时间内毫发无伤地从青蛙的"后门"钻了出来。它这可真是实（屎）力（里）逃生啊！

为了搞清甲虫们的逃生之道，科学家用蜡固定住这些倒霉蛋的腿后，甲虫全部丧命蛙肚。实验证明了这种聪明的甲虫从来不是坐以待毙，就算落入"黑洞"，只要腿还能动，它们就会拼尽全力寻找出路。在这期间，甲虫可能利用腿和身体来刺激青蛙的肠道，使其蠕动加快，从而刺激青蛙的排便反射。甲虫钻出来后，会在粪便里挣扎几下，随后迅速恢复正常活动。

没想到吧，青蛙可能会因为难吃而吐出猎物；更没想到的是，活的甲虫竟然可以从青蛙的另一头"钻"出来。以后面对食谱里的甲虫，蛙蛙们还是长长记性，看清楚一点再吞吧，不要饥不择食了。

### 青蛙、蟾蜍，傻傻分不清楚！

刚刚一直在讲奇形怪状的青蛙，讲身怀绝技的蟾蜍，一会儿蛙一会儿蟾的，是不是有点懵?接下来我们一起来找茬——找找青蛙和蟾蜍之间的差别吧!

对青蛙和蟾蜍的区分往往是一些约定俗成的,甚至有点任性的"潜规则"。世界上很多国家和地区都把皮肤光滑、颜色鲜艳、体型苗条的称为青蛙,而将皮肤粗糙干燥、灰头土脸、臃肿肥胖的称为蟾蜍。

人们很偏心,将许多美好的词汇用来形容青蛙。它,"天庭饱满、方海阔口、双目有神、光鲜亮丽、双腿修长、能歌善跳",它,是童话中的王子。而对于蟾蜍,除在中国古代神话传说中形容月宫折桂的三条腿"金蟾"为吉祥物之外,在其他古今中外的文学作品或者俗语谚语里,它们都是些让人"敬"而远之的对象。要么是不知道自己几斤几两就想吃天鹅肉的老哥,要么是"五毒教"的元老,要么是巫婆的得力助手,蟾蜍被塑造成丑陋、邪恶的形象。这未免太"以貌取蛙"了!

说了半天,青蛙和蟾蜍,还是傻傻分不清楚?叮——这里有一本《青蛙蟾蜍鉴别高手速成手册》,请查收!

通常,青蛙的皮肤光滑湿润,色彩斑斓;相反,蟾蜍的皮肤粗糙,颜色单调,满是疙瘩(所以才有"癞蛤蟆"一说)。皮肤特征与它们的生活环境紧密相关。青蛙光滑的皮肤不仅可以减少在水中游泳时的阻力,而且可以促进皮肤的气体交换,提高皮肤的呼吸效率。蟾蜍粗糙的皮肤有利于帮助它们锁住水分,让它们可以去远离池塘等水源的地方觅食(因祸得福的蟾蜍嘚瑟地哼着小曲:"长得丑,活得久;长得胖,日子旺……")。

中华蟾蜍(丁国骅 供)

黑眶蟾蜍(徐廷程 摄)

锯腿原指树蛙（王聿凡　摄）

粗皮姬蛙（朱弼成　摄）

泽陆蛙（朱弼成　摄）

泽氏斑蟾（朱弼成　供）

　　有无毒腺是区分青蛙和蟾蜍的另一个直观的标准。蟾蜍通常有明显膨大的腺体（比如耳后腺），这些腺体可以分泌有毒物质。此外，尽管东方铃蟾没有膨大的耳后腺，但它们的皮肤也有一定的毒性。而我国境内分布的青蛙通常没有毒（国外有些蛙类有剧毒，如箭毒蛙）。

　　当然，这两种鉴别方法也有"失手"的时候。锯腿原指树蛙和粗皮姬蛙背上布满疣粒；泽陆蛙"土里土气"。相反，泽氏斑蟾不仅皮肤光滑，而且光彩照人。

　　此外，还有一个类群十分特别——雨蛙。由于外表光滑、颜色亮丽，又喜欢在雨后鸣叫，古人称之为"雨蛙"。事实上，它们跟蟾的关系更近。因为它们像

三港雨蛙（王聿凡 摄）

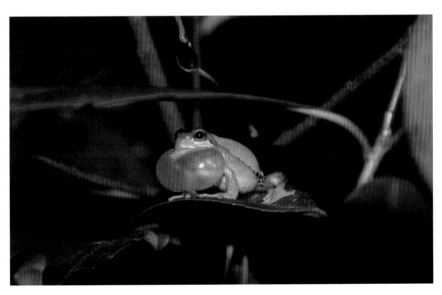

华西雨蛙（朱弼成 摄）

树蛙一样擅长爬树，在我国台湾以及日本等地，雨蛙又被称为"树蟾"。雨蛙的存在是否打破了你对蟾蜍的固有看法呢！

越说越糊涂了，那咋区分青蛙和蟾蜍啊？别急！《青蛙蟾蜍鉴别高手速成手册》之"进阶篇"或许能帮到你！

细刺水蛙（徐廷程 摄）

海南拟髭蟾（王聿凡 摄）

雌性峨眉髭蟾（缪靖翎 摄）

黑眼睑纤树蛙的蛙卵（缪靖翎 摄）

蛙类皮肤的角质化程度很低，通常离水源很近，像细刺水蛙、沼水蛙等，它们一生中的大部分时间都在水里度过；相反，蟾蜍的皮肤角质化程度较高，能有效抵挡水分蒸发，除了繁殖产卵的时候需要待在水里，其他时间它们很乐意生活在相对干燥的地方（非洲爪蟾例外，它们终生在水里生活）。

青蛙运动能力出众，以跳跃为主，部分物种甚至具有滑翔的本领（如黑蹼树蛙）；蟾蜍则运动缓慢，以小幅度的跳跃或者爬行为主。青蛙和蟾蜍之所以有如

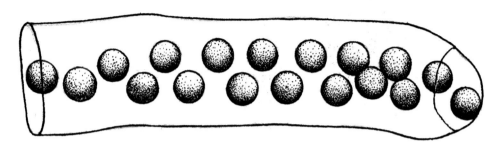

花背蟾蜍的卵（费梁　供，王宜生　绘）

此大的运动差异，与它们的后肢有关。青蛙依靠一对大长腿实现完美的跳跃，而蟾蜍的后腿通常很短小。

尽管青蛙和蟾蜍大多把卵产在水里，但卵的形态不尽相同。青蛙的卵通常是一大片或者一大堆；而蟾蜍的卵则往往呈链珠状。

那么，青蛙和蟾蜍之间有没有更靠谱的鉴别标准呢？《青蛙蟾蜍鉴别高手速成手册》之"高阶篇"，你值得收藏！

上一节刚刚提到的牙齿问题可以帮助你鉴别它们哥俩儿。事实上，大部分蛙类上颌有牙齿，下颌没有牙齿（冈瑟袋蛙上颌和下颌都有牙齿）；而蟾蜍通常没有牙齿。

分类学上，青蛙和蟾蜍是靠肩带与胸骨的形态来区分的。蛙类胸骨左右两侧的乌喙骨在腹中线处愈合，称为"固胸型肩带"。固胸型肩带使青蛙跳跃得更稳定，因此青蛙可以蹦得更高、跳得更远；而蟾蜍的两块乌喙骨彼此重叠，可以左右活动，称为"弧胸型肩带"。弧胸型肩带让蟾蜍的两个前肢左右扭动的范围更广，活动更方便。因此，蟾蜍的前肢通常比青蛙的前肢发达。这一骨骼特征上的差异较为稳定，是区分青蛙和蟾蜍的最主要特征。

当广义上的蟾蜍物种出现以后，广义上的青蛙物种才出现。因此，从物种演化的角度来讲，蟾蜍比青蛙更古老。

北方狭口蛙（王聿凡　摄）

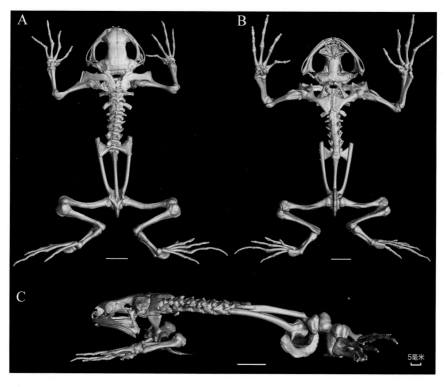

北方狭口蛙的骨骼（A、B、C 分别显示背面、腹面和侧面）（张美华　供）

　　怎么样，这本《青蛙蟾蜍鉴别高手速成手册》有没有刷新你对青蛙和蟾蜍的认知呢！当然，区分青蛙和蟾蜍不是为了区别对待它们，而是为了更深入地了解它们——青蛙并不是目光短浅（"井底之蛙"）的代名词，蟾蜍也不是丑陋（"癞蛤蟆想吃天鹅肉"）的标签。只有深入了解它们，才能排除偏见，更好地保护它们！

# 第 2 章

青蛙为何鸣唱?

雨过浮萍合,蛙声满四邻

西藏墨脱（缪靖翎 摄）

## 解密青蛙的"语言"

　　幼蛙经过一段时间的生长发育后，达到性成熟，即将开始一生中最重要的阶段。有一句歇后语，叫作"青蛙谈恋爱，吵闹不休"，真正抓住了青蛙求偶的关键特征——声音通信。鸣声是蛙类的主要通信手段，不同种类的鸣叫频率等特征各有不同，来自不同地域的同种蛙的鸣声也会有差别（青蛙也有方言）。声音通信涵盖了蛙类生活的各个阶段，在它们的一生中发挥着重要作用。

　　蛙类用声带和喉头发声。大多数蛙类依靠头部两侧鼓膜来接收声音信号。声波传入鼓膜发出振动，耳柱骨把这些振动导入内耳，再通过毛细胞将振动转化为电信号，把外面发生的事件告诉大脑。

　　人们发现青蛙会叫的同时也发现它们有一个能够膨胀的声囊。声囊是雄性咽

北仑姬蛙（王聿凡　摄）

正在鸣叫的海南锯腿树蛙（朱弼成 摄）

部或口角的皮肤扩展形成的囊状突起。大多数无尾两栖类的雄性具有声囊，它可以产生共鸣，就像一个效果很好的"共振箱"，扩大喉部声音，让鸣叫更加洪亮，在求偶时成为宣传推销自己的重要加分项。因此，人们认为声囊是蛙蛙们提高鸣叫效率的进化产物。

　　根据声囊的结构不同，可以分为内声囊和外声囊。具有内声囊的代表物种有花背蟾蜍、武夷湍蛙等，而黑斑侧褶蛙、中国雨蛙等，自带"吹气球"属性，生怕别人不知道它们会鸣叫似的，一鸣叫就鼓起了明显的外声囊。雌性一般没有声囊，只能依靠声带出声，声音较小，跟雄性洪亮的声音没法比。声囊的形态和进化与青蛙的生活环境和生存方式有关。

### 请君为我倾耳听！

　　作为最早使用声带发声的脊椎动物，鸣声的产生、传播、感知与行为响应影响着蛙类的雄性竞争和雌性选择等。许多雄蛙能够在不同场合，通过不同的声音强度、音节间隔等，产生出包括广告鸣叫、竞争鸣叫、求偶鸣叫等多种类型的鸣叫。在青蛙的世界里，雄蛙为自己卖力吆喝，尽情歌唱，鸣叫持续时间越长、频

武夷湍蛙的内声囊（王聿凡　摄）

中国雨蛙的外声囊（王聿凡　摄）

正在鸣叫的阔褶水蛙（姚忠祎　摄）

次越高，消耗的能量越多，获得的交配优势也越大。而雌蛙通过聆听歌声选择配偶，选择那些声音洪亮、能抢到最佳地盘、战斗力爆表的雄蛙，因为这些叫声意味着交配后获得更强基因的概率更高，后代的生存率更高。

听不懂"蛙语"，没关系，我们说人话。广告鸣叫就是雄蛙在谈恋爱之前，向雌蛙公布自己姓甚名谁、年方几何、籍贯属地、身高体重、房产资源等征婚信息。如果发现闯入的是竞争者或挑事者，它们还能临场发挥，根据现场气氛来调节叫声，发出竞争鸣叫，意思是"这片地儿有我这个帅哥罩着了，你哪儿凉快哪儿待着去"。当发现有雌性青睐者靠近时，它们立即将广告鸣叫调频到求偶鸣叫，提高针对性和目标性，直接告知约会地点。而雌蛙可从雄蛙"推销自己"的声音信息中识别出自己的如意郎君，尽管没有声囊，有些雌蛙也能通过声音回应雄性伴侣，抑或残忍地拒绝某些追求者。

在青蛙大合唱的聚会上，总会发生一些令人尴尬的事情。这不，一只来晚了的雄蛙，不管三七二十一，兴冲冲地就抱着旁边的小伙伴谈起了恋爱，也不管抱起来的是雄蛙还是雌蛙，是同类还是其他种族。小伙伴又急又怒，迅速调整歌唱

背崩棱皮树蛙趴在树叶上鸣唱（缪靖翎　摄）

频道，将广告鸣叫调转为拒绝的怒吼声，用释放鸣叫告诉它，"你上错花轿，抱错蛙了！"

在雄性竞争中，当小个子雄蛙挑战大个子雄蛙，二者扭打到一起时，大个子雄蛙会发出低沉的鸣叫声，"也不问问大哥我姓名，凭你也敢惹，到底是火拼还是乖乖松手，小样儿你看着办？"小个子雄蛙在略带恐吓意味的争斗信号下，灰溜溜地逃走了。于是，在求偶的关键阶段，双方通过声音沟通，成功避免了一场"流血"的战斗。

接下来，我们看看蛙界闻名遐迩的三大"男歌手"是如何通过鸣叫追求幸福的。

## 蛙类鸣声通信研究的明星物种——南美泡蟾

如果说其他蛙是因为独特的形态或奇葩的繁殖方式闻名天下的，那么南美泡蟾则可以说完全是被科学家一手"捧红"的——现如今它成为鸣声通信研究的明星物种。

南美泡蟾是一种小型青蛙，雄蟾长约 3 厘米，雌蟾略长。泡蟾的皮肤是棕

雄性泡蟾鸣叫时鼓起硕大的鸣囊（朱弼成　供）

色的,看起来像癞蛤蟆。通常在水池边的泡沫巢中产卵。泡沫卵既可以防止蛙卵脱水,又能隔绝捕食者和寄生虫。

泡蟾在中美洲和南美洲很常见。它们的适应性很强,只要是有水的地方,都能看到它们的身影。

到了繁殖季节,雄蟾会争先恐后地唱歌,来博取雌蟾的芳心。有研究发现,雄蟾的鸣声频率与身体大小呈负相关性。雌蟾能从雄蟾的歌声中了解歌唱者的体型,进而根据歌声选择自己的配偶。于是,科学家准备了两个音箱,分别播放象征小个子雄蟾的高频鸣声和象征大个子雄蟾的低频鸣声,等距离地放在雌蟾的两边,让其选择。结果雌蟾全部跳向播放低频鸣声的音箱,意味着雌蟾更喜欢大个子雄蟾。

### 青蛙求爱不容易!

泡蟾的叫声在动物王国里是被研究得最透彻的。尽管泡蟾很小,但它们却可以发出与电吹风、手机铃声一样响的鸣叫。大部分蛙类的叫声仅包含单一重复的唧唧声或呱呱声,而泡蟾的鸣声十分特别。通常先是一声抱怨的哀鸣"哼~",

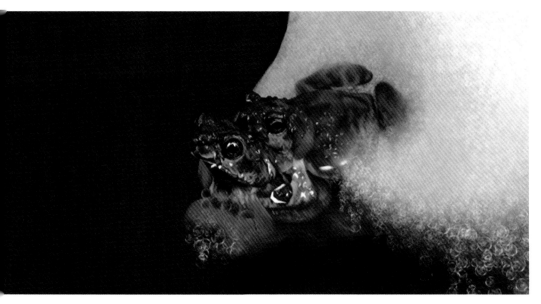

雌雄泡蟾抱对产卵(朱弼成 供)

随后跟着一次或多次的"咕咕声"。咕咕声越多，代表声音的复杂性和技巧性越高——"花言巧语"当然对异性的吸引力更大。然而，雄蟾似乎在对抗这个法则，它们并不情愿发出这种更有吸引力的复杂鸣叫。这又是为何呢？

原来，复杂的鸣叫不仅会吸引雌蟾的注意，也会被捕食者缨唇蝠和吸血者蚊蠓等动物"窃听"。叫声越复杂，越容易招来捕食者的围攻。对这些泡蟾而言，"谈恋爱"是高风险活动，繁殖与生存之间的平衡决定着它们叫声的复杂度。如何叫得好听一点，足以吸引到雌蟾，又不至于招惹到捕食者？仿佛站在天平的两端，左右为难。泡蟾的爱情之路好难！

## 城里的泡蟾更性感？

森林里的泡蟾胆子很小，很难接近。城市改变了食物链的平衡，看似有负面影响的光污染反而给进城的泡蟾提供了意外的保护，它的天敌缨唇蝠和吸血性蚊蠓通常会远离灯火通明的街道（塞翁失马，焉知非福）。仿佛整个城市为泡蟾开辟了一处没有捕食危险的庇护所，让它们尽情地利用城市设施和地形特点打磨出了更具特色的歌唱技能。事实上，城里泡蟾的鸣叫比森林里的同伴更频繁，曲调更复杂。当科学家在实验室用专业设备分别播放城市泡蟾和森林泡蟾的鸣叫时，75% 的雌蟾会选择来自城里泡蟾的鸣叫，城里泡蟾的叫声更令人心动。进城动物的数量本来就少于森林里，相应的各种天敌和捕食者也少于森林里。因此，"窃听风云"上演的频率降低，泡蟾暴露自己的风险就降低了。所以，在城市中安居乐业的泡蟾兄弟，学会了各种花式唱法，通信行为也演化出了更强的可塑性。

显而易见的是，城市不是动物们的故乡，它们的故乡没有霓虹灯和广场舞。"多事"的科学家又把已经适应城市生活的泡蟾带回森林里参加"变形计"，会发生怎样意外的结局呢？当城里的泡蟾回到森林后，它们会主动降低叫声的复杂度以避免天敌的关注。回到农村，外面有吸血的"债主们"等着，还是老老实实地待着，"低调"地生活吧！

好一个在城市和乡间自由切换歌唱技巧的浪子啊！

## 🐸 青蛙中的音乐家和建筑师——仙琴蛙

仙琴蛙是一种中等体型的青蛙,体长在 4.5 ~ 5 厘米。吻端钝圆,鼓膜很大,雄蛙第一指有小的灰色婚垫。一对咽下内声囊,是它生命中的重要"道具"。它们皮肤比较光滑,背后有几颗大的扁平疣粒。生活时,背部颜色大多为灰棕色,有时会根据环境改变体色。仙琴蛙是我国特有的青蛙,分布于云南、贵州、四川等地。

仙琴蛙是一种充满传奇色彩的青蛙,有很多传说和诗人、科学家等名人轶事跟它有关。仙琴蛙最早在 20 世纪 30 年代初由我国动物学家张孟闻先生发现并命名。1938 年,第一次来到峨眉山的刘承钊先生为见到传说中的它,常常通宵达旦地坐在溪沟边、树丛中聆听蛙的鸣叫,用手电筒查看蛙和蝌蚪的活动,并为采集到仙琴蛙的标本而兴奋不已。

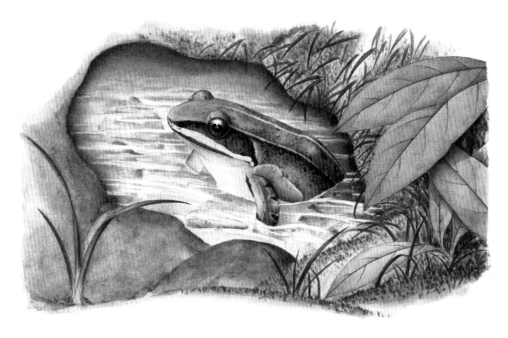

雄性仙琴蛙(李健 绘)

## 仙琴蛙是名副其实的音乐家！

仙琴蛙，又名"仙姑弹琴蛙"，这个名字的由来有着脍炙人口的传说。传说仙琴蛙是由一位在峨眉山万年寺聆听大诗人李白与广浚和尚弹琴的绿衣姑娘化身而来的。在高僧琴音的耳濡目染下，学得精妙琴技的姑娘，夜夜弹出如琴如瑟的乐声，给后世留下了"仙姑弹琴"的佳话。

仙琴蛙有一对咽侧下外声囊，鸣声悦耳似琴音，时而低沉雄浑，时而清脆响亮。尽管它们个头不大，但叫声很大，"咚（dǒng）－咚（dōng）－咚（dōng）－咚（dōng）－咚（dōng）"接连不断，甚至可以叫到十声，即使很远的地方也能听到。然而，这样大声鸣叫不仅需要消耗很多能量，还会增加被天敌捕食的风险。因此，仙琴蛙绝大部分时间里选择大合唱。大合唱是一种在进化过程中形成的鸣叫策略。合唱一般先由一只雄蛙起头，随后其他雄蛙也加入进来，形成声势浩大的大合唱。一方面，声音的共振提高了鸣声的分贝，能够吸引距离很远的雌蛙，提供更多"相亲"机会；另一方面，众多仙琴蛙聚在一起，个体被捕食的概率就会下降。遇到危险时，彼此间互相警告，共同御敌。危险过后，会有一只勇敢的"吹哨蛙"站

雌性仙琴蛙（崔建国　摄）

出来放声歌唱，打破沉寂，宣告危机解除，大合唱继续。

仙琴蛙不仅可以唱出数量不同的音节，还能唱出不同的音调。一声、三声、六声，随着音节的增多，音调也会增高，由平调慢慢过渡到高调。不同音节和音调的组合使仙琴蛙的歌声极富变化，路过的人都会情不自禁地停下来俯身聆听。

繁殖季节，每只雄蛙都会拼命歌唱，争先恐后地将嗓门扯到最大，把音调拉到最高。因为它们深知鸣声越响亮，声囊越膨大，在雌性眼中就越有吸引力，越有可能赢得青睐。不同于大多数蛙类只在夜幕降临后才鸣叫，仙琴蛙白天和晚上都会鸣叫。它们学会了运用不同的策略：有的仙琴蛙选择在一段时间内集中鸣叫，有的则选择持久的间歇性鸣叫。两种策略不仅有效避免了种内竞争，而且保证了种群的繁殖成功率。

### 它们是为爱筑巢的出色建筑师！

仙琴蛙不仅琴弹得好，房子也盖得好！通常，青蛙在水塘里繁衍后代，很少有筑巢的习性。不同于其他蛙类，雄性仙琴蛙会在水塘边建造"房屋"。都说安

仙琴蛙的栖息环境（崔建国 摄）

居才能乐业，显然我们人类不是这个世界上唯一的"房奴"，这一法则同样在仙琴蛙身上适用。

到了繁殖季节，雄性仙琴蛙会花上半天甚至一天的时间来建造自己的"房屋"。巢穴大致可以分为两种：一种是简单的圆形浅滩似的泥窝状巢，一种是里面空间很大但洞口很小的茶壶状巢。巢穴大致呈半球形或球形，中间很宽敞，四周的墙壁十分光滑，整个构造很牢固。很难想象一只小小的仙琴蛙是怎样建造出如此精致的房屋的！

我们有灵活的四肢和发达的大脑，会使用工具和各种建筑材料。那么，一只小小的仙琴蛙是如何完成如此复杂的建造过程的呢？它们建造巢穴时首先要将四周原本结实的土壤浇湿并搅拌成泥浆，巢穴不会与水塘直接连通，所以仙琴蛙不得不频繁往返于巢穴和水塘之间，利用皮肤上沾着的水打湿泥土。然后，它们会用稍尖的吻部朝下用力往前推，以自己的后肢为轴心，就像一个圆规一样，推一下泥浆便转一个角度，直至将四周的泥土挤成半球形。同时，它们也会考虑巢穴的舒适度，在筑巢的过程中，仙琴蛙会用湿润的肚皮反复打磨四周的泥土，让巢穴墙壁变得光滑。在巢穴基本框架完成后，它们会再次用吻部朝上用力挤压洞口附近的泥土，使洞口直径变成跟自己的头一般大。竣工前，它们还会找些树叶等遮蔽物盖住洞口。都说这是个靠脸吃饭的时代——用脸挖洞筑巢的仙琴蛙着实要"火"啊！

一只蛙该如何俘获女神的心？房屋建造完毕，就是播放征婚广告的时间了。仙琴蛙开始在洞中鸣叫，以吸引雌蛙前来交配。与洞外鸣叫相比，洞内雄蛙鸣叫在声学结构上存在显著差异，洞内鸣声频率更低，音节时长更长，声音听起来更加低沉、悦耳，就如同你在浴室唱歌有回声和混音更好听一样。

雌蛙是否会倾向选择有"房"的雄蛙作为配偶呢？科学家将雌蛙放在中间，两边分别用喇叭轮流播放雄蛙的洞内和洞外鸣叫，结果 70% 的雌蛙跳向播放洞内鸣叫的喇叭。雌蛙的选择告诉我们：有"房"雄蛙更好找对象。这表明，雄蛙利用鸣声向雌蛙传递爱巢信息。巢穴被用于交配、产卵和孵育后代，是仙琴蛙的"家"。为了下一代，雌蛙通过鸣声选择有"房"的雄蛙作为配偶，给后代找一个

一只雄性仙琴蛙正在筑巢（朱弼成　摄）　仙琴蛙在建好的巢穴内抱对（杨悦　摄）

安全舒适的"家"。

在洞中完成交配后，雌蛙便将卵产在泥洞中，卵孵化成蝌蚪继续在泥洞中发育长大。整个过程缜密精细，环环相扣。仙琴蛙的繁殖期较长，幼小的蝌蚪过早地来到池塘会被其他大型蝌蚪、水生昆虫和鱼类吃掉，巢穴有效地保证了卵的顺利孵化，提高了后代的成活率。巢穴不仅是安全的育儿所，同时也是躲避天敌理想的避难所。

小蝌蚪长大了，需要回到池塘里去寻觅水藻等食物。然而，巢穴跟池塘并不相通，还没有四肢的蝌蚪是如何在没有爸爸妈妈的帮助下迈过鸿沟回到池塘去的呢？原来未雨绸缪的蛙爸蛙妈早就算好了时机！峨眉山夏季雨水丰富，几乎每个星期都会下一场暴雨。暴雨会使池塘水位线上升，同时巢穴里也会盛满雨水，小蝌蚪就这样顺着雨水成功回到池塘。

你挖洞来我择偶，都是为了下一代能够在安全的环境下健康成长。这蛙不仅鸣声成"仙"了，为了优生优育，都差点成"人"了！仙琴蛙也是迄今为止发现的除人类以外唯一能够通过鸣声四处传播自家"房产"信息的动物。

仙琴蛙巢穴的结构和巢穴内正在发育的卵（崔建国 摄）

## 自带"锯子"的青蛙——海南锯腿树蛙

海南锯腿树蛙是一种小型树蛙，分布于海南、广西等地。它们鼓膜较大且明显，就跟戴了一个比半个眼睛还大的耳机一样。雄蛙第一指有乳白色婚垫，方便抱对时增大摩擦力，雄蛙有一个内声囊。既然是树蛙，那么它的身体肯定要配备爬树配置：它四肢较长，方便抓握；指端和趾端均有吸盘，吸盘较大，与鼓膜差不多大。

它们身体背部有小疣粒，特别是小腿至趾头外缘有波浪线似的皮肤褶突，边缘弯曲的形状就像锯片突出的锯齿一样，因此被称为"锯腿"。

好了，我们言归正传，回到鸣声的话题。

海南锯腿树蛙生活于海拔 250 ~ 1500 米的灌木林区域。它们能发出不同音节的鸣叫，鸣叫行为让科学家十分着迷。观察发现雄蛙的鸣声主要由"咕呱 –

雄性海南锯腿树蛙（朱弼成　摄）

咕呱"和"Giao-Giao-Giao"两种音节组成。这两种音节分别代表什么含义呢？让我们前往灌木丛身临其境地聆听青蛙的鸣叫，再化身为科学小助手，和科学家一起开展鸣声实验吧！（扫描右侧二维码，了解一下。）

解密青蛙的语言

　　首先，我们拿出 2 个音箱，对称放在雌蛙两边，轮流播放雄蛙的鸣叫。结果，当播放"咕呱－咕呱"鸣叫时，雌蛙纷纷聚集到音箱前。这表明此鸣叫是广告鸣叫，有吸引雌蛙的作用，仿佛在说："本蛙年轻帅气，余生愿寻一良蛙相伴。娘子，你在哪里？"而播放"Giao-Giao-Giao"鸣叫时，雌蛙却不为所动，暗示此鸣叫对雌蛙没有吸引力，可能是用于雄性争斗。

　　而对一群雄蛙轮流播放两种鸣叫，会发生什么呢？结果发现，播放"Giao-Giao-Giao"时，能压制雄蛙发出的"咕呱－咕呱"鸣叫，表明前者是争斗鸣叫，仿佛在说："这个池塘是我的舞台，你们都闭嘴！我要当麦霸！"事实上，除了上述两种音节，最新研究发现这种树蛙还会发"啾－啾－啾"鸣叫。这种鸣叫

雄性海南锯腿树蛙（朱弼成　摄）

正在鸣叫的雄性海南锯腿
树蛙（朱弼成　摄）

主要用于雄性间近距离的领域争斗，仿佛在说："这是我的地盘，想要蛙命就赶紧离开！"这 3 种音节既可以单独发生，又可以相互组合形成复合鸣叫。它们的鸣叫行为十分复杂，有十几种不同的鸣叫。通过上述实验，我们初步解密了海南锯腿树蛙的"语言"。

在蛙类的婚恋市场上，青蛙拥有非常"畸形"的雌雄性比（雌蛙与雄蛙的数量比例），有些蛙类的雌雄比例甚至超过了 1:10，比例严重失衡。因为"男多女少"，雌蛙作为"稀缺资源"，在配偶选择中具有绝对话语权。所以处不处对象，和谁处，都是由雌蛙来决定的。

各种青蛙有不同的习性，并且在不同的环境，如城市或乡村，嘈杂或安静，雌蛙们选择对象的偏好也不同。有些雌蛙特别喜欢大个子雄蛙，有些只选择中等身材的；有些选择鸣声花哨的，有些采取"就近原则"……其实，不管哪种择偶标准，唯"爱"不破，无论是对于雄蛙还是雌蛙而言，唯一目标就是选择优秀的基因传递给后代。

雄性海南锯腿树蛙趴在叶子上准备鸣叫（朱弼成 摄）

雌蛙不爱高富帅？相亲的时候，我们只要在人群中多看一眼，就能判别对方的高矮胖瘦，甚至还会发生一见钟情的故事，而青蛙可没有那么好的"眼力"，尤其是在杂草丛生的雨林中。

传统的理论认为大个子雄性在雄性竞争和雌性选择中均占有优势，雌蛙在选择配偶时更青睐体型大的雄蛙；而海南锯腿树蛙却有着不同的选择。当围观海南锯腿树蛙的相亲现场时，会发现不同体型雄蛙的广告鸣叫包含了自身体型大小的信息，与低频和高频声音相比，雌蛙更喜欢中间频率的鸣声，这意味着雌蛙更喜欢中等体型的雄蛙。相亲结束后，成功抱对的雄蛙都有一个明显特征，它们的体重更集中于中等水平，进一步证明雌蛙的择偶倾向。

雌蛙为什么不选择威武的大个子雄蛙呢？雌蛙没好气地说："谁背谁知道！"原来，跟自然界大多数物种不同，在青蛙王国里竟然是新娘背着新郎完成婚礼。这就意味着平均体长 4 厘米的雌蛙，需要背负平均体长 3 厘米的雄蛙，从相亲场所一步一步"长途跋涉"到繁殖场所。这段路程可能只有 200 ~ 300 米，但对于只有 4 厘米的雌蛙而言，无异于一场马拉松式的长跑，还是负重前行。如果

正在鸣叫的雄性海南锯腿树蛙（朱弼成　摄）

抱对的海南锯腿树蛙（朱弼成　摄）

它们选择了"高大威猛"的夫君，那么就得消耗更多的能量，甚至付出更大的代价。这一路上，雌蛙不仅会失去敏捷性，步履蹒跚，行走的速度也变慢了，这么显眼的两块"肉"行走在荒郊野外，对于捕食者来说简直就是赤裸裸的诱惑，抱对的它们被一锅端的风险随之增高，这还真是"谁背谁知道啊"。

这种情况下，大个子雄蛙在繁殖上反而没有优势——体型并不是越大越好。雌蛙的背负代价成为一种限制雄蛙身体大小进化的选择压力。既然雌蛙大多选择中等身材的"男嘉宾"，长此以往，种群中中等身材的雄性数量越来越多。

## 🐸 非洲爪蟾的雌雄二重唱

非洲爪蟾属于一种体型中等偏大的青蛙，身长 7 ~ 15 厘米。前肢较小，后肢发达，趾间具有发达的蹼。常年生活在淡水中，主要靠肺呼吸。身体扁平，是适应水生生活的典型特征。皮肤呈灰色、灰绿色或黑色，完美适应底栖生活。

非洲爪蟾拉丁属名"Xenopus"的含义是"特殊的足"，这与它们足部的形态特征有关。脚趾内侧的 3 个趾末端有角质化的黑色"爪"，故而称它们为爪蟾。

它们有着特殊的进食方式，因为没有可灵活伸长的舌头，所以前肢就派上了用场。它们先在水底一番搅拌，"浑水摸鱼"后用前肢抓住食物就往嘴里送。再大一点的食物就利用自带的刀叉——爪，将食物胡乱撕碎了往嘴里塞。

非洲爪蟾分布在非洲，后来被引进欧洲和美国等地。它们对环境的变化有很高的耐受性，几乎可以在任何水体中生存，甚至可以在高盐度的水中生存。食物包括鱼、甲壳类动物、昆虫和其他青蛙等各类能"摸"到的动物。非洲爪蟾一生中的大部分时间都在水中度过，只有在干旱时才会"打包走人"。当干旱发生时，它们会钻进干涸的泥土里，在没有食物的情况存活一段时间。

非洲爪蟾体侧皮肤上的"针缝纹"其实是它们的侧线器官，用于在水下探测震动信号。它们有鼓膜、耳柱骨等完整的中耳结构，能够准确地接收声音信号。繁殖季节，雄蟾手指内侧长出婚垫，帮助它在交配时牢牢抱住雌蟾。

虽然雄蟾没有声囊，但靠牵拉和收缩喉内肌，也能在水下通过声带发出"咔

非洲爪蟾（朱弼成　供）

哒－咔哒"的颤声。不可思议的是，不仅雄蟾会发声，雌蟾也会发声。接收到声音信号的雌蟾如果对鸣叫的雄蟾比较满意，就会发出速度稍快的"哒哒"声表示接受。此时雌蟾的大腿是收缩的，以利于雄蟾抱对，意思是"我愿意"；相反如果对雄蟾不满意，它们会发出速度很慢的"哒哒"声表示拒绝，同时其大腿会处于伸展的状态，雄蟾很容易从其背上滑落。

　　研究发现，给雄蟾回放雌蟾的接受鸣叫，好像是在鼓励雄蟾"我中意你哦"，能够显著刺激雄蟾发出更多的鸣叫，受到"爱的鼓舞"的雄蟾还不得好好表现一番啊！而回放拒绝鸣叫会在一定程度上减弱雄蟾的鸣叫，遭到拒绝打击的雄蟾只得偃旗息鼓了。更有意思的是，回放雌蟾的接受鸣叫给雄蟾听，能够使雄蟾中的"失败者"显著增加鸣叫甚至超过之前处于主导地位的雄蟾，进而实现逆袭。

　　这种来自动物之间的"双向奔赴"，是不是让你也觉得不可思议，让你羡慕不已？

## 🐸 拒绝异地恋的草莓箭毒蛙

情感不仅仅靠真诚和真心，也依赖于距离的维系。异地恋让多少情侣心生忧虑，由选择坚持变为慢慢放弃。对青蛙来说，距离又何尝不是爱情中难以逾越的一道坎。雌性草莓箭毒蛙与泡蟾一样，偏好鸣声频率低的雄蛙（即大个雄蛙）。不仅如此，如果两只雄蛙与雌蛙的距离相同，鸣叫越积极的雄蛙越容易得到雌性草莓箭毒蛙的喜爱。不过在现实中，不同雄性竞争者与雌蛙的距离通常不相等。这个时候难题就来了，雌蛙是选择距离自己较近的雄蛙，还是"跋山涉水"去找寻鸣声更有吸引力的雄蛙呢？

实验表明，雌性草莓箭毒蛙会优先选择距离自己最近的雄蛙，它们并不关心雄蛙鸣声是否具有吸引力。此刻，对于雌蛙来说，叫声不再是选择配偶的第一标准，它们似乎对雄蛙的"歌喉"并不那么领情。面对产下的卵无法受精的风险，雌蛙会对"异地恋"说"不"！毕竟，费时费力、反复挑选最合适的交配对象不再是最佳的策略，近距离择偶反而成为最优的决策。

在动物世界，择偶并不是一场纯粹的自由恋爱，有时候也是一场生存的博弈。青蛙的择偶策略来自长期的自然演化，在生存与繁殖的权衡法则下，这些择偶标准充满了智慧。生活在不同环境下的青蛙，早就适应了各种各样的环境，它们或游在水中，或潜入溪涧，或栖于高山，变不利因素为有利条件，形成了自己独特的"麦克风"，为爱而歌。

## 🐸 水下会发声的"魅影"——倭蛙

在水下鸣叫的蛙类十分罕见，上文讲到的非洲爪蟾就是其中的代表。

1896 年，人们就发现并命名了倭蛙，在长达 100 多年的时光中，人们都以为它们是"哑巴"。倭蛙主要生活在青藏高原地区静水塘或水坑中，体型扁平，没有声囊。认为它们不会鸣叫似乎也是合情合理的。倭蛙的鼓膜不明显，听力测

倭蛙（姚忠祎　摄）

试显示它们听力确实很差，是彻头彻尾的"聋子"。

　　然而一次偶然的机会，我们发现这种高原蛙类并非"哑巴"，原来它们会躲在水下鸣叫。倭蛙在鸣叫过程中，没有明显的声囊鼓动，它们全身潜在水下，声音在水中传播，因此很难观察到它们的鸣叫行为。

　　我们利用水听器揭示了倭蛙水下鸣声的秘密。当雄蛙潜入水中，周围存在其他个体时，雄蛙会发出由多个脉冲组成的广告鸣叫。当两只雄蛙发生错抱行为时，被抱的那只蛙会发出由多个短音组成的释放鸣叫。另外，当倭蛙被人抓住时，也会发出类似的释放鸣叫。有趣的是当雄蛙与雌蛙成功抱对后，雄性会在雌性背部发出包含多个谐波的求偶鸣叫。

　　那么，它们为什么不在陆地上鸣叫，而演化出水下鸣叫行为呢？这可能是它们身居高原，长期适应高原极端环境的结果。在倭蛙的栖息地中测量发现，晚上

正在抱对繁殖的高原林蛙（朱弼成　摄）

水下的温度比空气中的温度高，在水下鸣叫更"温暖"，这对变温动物来说十分重要。

事实上，在水下鸣叫有不少优势。声音在水中的传播速度比在空气中快，相同能量产生的声音在水中的声压更高。其次，水下鸣叫的倭蛙可以在空间位置上与高原林蛙等物种产生差异性，减少物种间通信干扰，提高鸣声通信效率。另外，抱对后的求偶鸣叫可能有助于促进雌性排卵，同时减少鸣声信号长距离传输造成的能量损耗。

目前，水下鸣叫行为仅见于负子蟾科、角蟾科等部分物种。在拟髭蟾家族中，多个物种存在水下鸣叫行为。其中峨眉髭蟾也能在水中发出广告鸣叫和求偶鸣叫。比较倭蛙和峨眉髭蟾的广告鸣叫，发现它们的鸣声结构相似，音节均由多个脉冲组成，表明水下鸣叫物种的鸣声可能存在趋同进化。

尽管我们揭示了倭蛙水下鸣叫的秘密，但又产生了一个新的问题：既然倭蛙听力很差，几乎听不到声音，那它们鸣叫有何意义？

或许我们可以从另外一种青蛙的身上获得启发。位于非洲塞舌尔群岛的加德纳蛙很小，体长只有 1 厘米。它们跟倭蛙一样鼓膜和中耳退化，却可以鸣叫。为了确定这些青蛙是否通过声音进行交流，科学家给它们播放提前录制好的自然鸣叫声。结果雄蛙发出鸣声来回应音箱里播放的声音，证明它们能够听到音箱里放出的声音。借助先进的科学仪器，科学家可以确定加德纳蛙哪些部位帮助声音传播。结果发现，口腔和骨传导的组合让加德纳蛙在没有中耳的情况下仍然可以感知声音。可以说，加德纳蛙早于我们很多年就戴上了骨传导"耳机"，是不是很羡慕它们呢？

倭蛙有可能跟加德纳蛙一样，利用嘴巴来感知声音。当然，这个结论还需要严谨的实验来验证。

## 🐸 世界上第一个被发现会发超声的青蛙——凹耳臭蛙

会发出超声信号的，不一定是海豚蝙蝠，还有小青蛙。凹耳臭蛙鼓膜深陷且很薄，具有与鸟类相似的外耳道，这样可以更好地缩短声音接收和处理的时间，更容易、更准确地将超声信号传入内耳。由于鼓膜和内耳之间的距离缩短，听小骨的大小和重量减小，促进了高频声音的传输。

凹耳臭蛙可以发出类似昆虫的鸣声或是鸟类婉转悠扬的啼叫，曾经还骗过了阅蛙无数的赵尔宓院士。1972 年，他在黄山听到凹耳臭蛙的叫声时误认为是某种昆虫发出的"吱吱"叫声，有丰富野外经验的吴贯夫先生——凹耳臭蛙的命名人——断定那是一种未知蛙的鸣声。殊不知，这个特殊的蛙直接改变了教科书。后来经过科学家的实验发现，凹耳臭蛙能够发出超过 20000 赫兹的鸣声，它是第一个被科学家检测出利用超声信号进行通信的非哺乳类脊椎动物。

凹耳臭蛙是中国特有的物种，模式产地在安徽黄山。当 4—6 月繁殖期时，雄蛙白天隐藏起来，夜晚在山间溪流边鸣叫。

在嘈杂而湍急的溪流里生活和繁殖的蛙类都面临一个难题：溪流的噪声让它们很难听到同伴发出的声音。而凹耳臭蛙具有超乎寻常的发声和定位技能，它们使用高频声音进行通信。繁殖期间，声音通信起到关键作用。在溪流噪声环境下，雄蛙会提高鸣叫频率，提高信噪比，必要时高到离谱，如超声信号。

凹耳臭蛙的鸣声包含了很多复杂的嵌入单元，这些高音炮小家伙竟然还玩起了混音、跳音等非线性元素。非线性成分越高，鸣声类型的多样性、复杂性

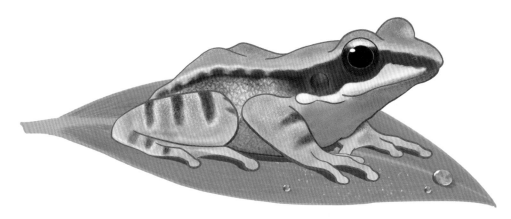

雄性凹耳臭蛙（一）（丁国骅　供）

雄性凹耳臭蛙（二）（陈潘　供，王臻祺　摄）

雌性凹耳臭蛙（王聿凡　摄）

抱对的凹耳臭蛙（王聿凡　摄）

会发超声的大绿臭蛙（朱弼成　摄）

和不可预测性就越高，越容易增加雄蛙的魅力，即鸣声技巧丰富的雄蛙更容易吸引雌蛙。

雌性凹耳臭蛙在排卵前也会发出短促而高频的超声信号，召唤相距几米外的雄蛙，诱导雄蛙关闭咽鼓管，使其调整为同一个爱情通信频道。雄蛙一边高频鸣叫发出应答，一边高精度定位奔向爱情，果然双向响应才是更加经济有效的繁殖行为啊。

超声波第一蛙给人们带来了太多的惊喜与未知；研究深度和广度的延伸，带给我们无尽的启迪。事实上，科学家们陆续发现婆罗胡蛙、大绿臭蛙等蛙类也会使用超声通信。蛙类的超声通信将为人类探究动物的超高频听力的功能和进化提供重要线索，引领我们了解动物听觉系统的进化，开发更多的仿生技术。让我们一起期待吧！

## 🐸 不用扩音器唱歌的麦霸——高山舌突蛙

高山舌突蛙是我国特有的、生活在西藏墨脱原始森林里的蛙，它们不但生活史奇特，唱歌也超级厉害。这是一种没有声囊却能"引吭高歌"的蛙，就像去了KTV 没有话筒依然能当"麦霸"一样。

高山舌突蛙喜欢成群结队地聚集在一起，发出"嘎－嘎－嘎"的清脆叫声，歌声嘹亮，穿透力极强，震彻山谷。如果你看到它们身处高原，却只有拇指大小的娇小身形，再加上没有配备扩音器——声囊，就知道"麦霸"的美名有多么来之不易。

高山舌突蛙十分特别，科学家猜测它们可能是直接发育。当然最让人惊讶的还是它们的鸣声。我们在野外观察时发现，高山舌突蛙几乎整天都会鸣叫。不仅雄蛙会鸣叫，雌蛙也会发出鸣声，不过与雄蛙的叫声截然不同。不仅成蛙会鸣叫，幼蛙也会鸣叫。如果你看到它无论白天还是黑夜，无论阴天还是晴天，都无忧无虑地在有阳光、有露珠、有密林、有苔藓的绿意盎然的原始森林里放声歌唱，你会不会羡慕它的一生呢？至于雌蛙和幼蛙鸣叫的作用，我们目前尚不清楚。你有

高山舌突蛙（胡君　摄）

没有兴趣一起来研究这个小家伙呢？

　　没有声囊，依然可以为了爱拼命鸣唱的蛙不止高山舌突蛙，一起来看看下面这个"为兄弟两肋插刀，为爱情插兄弟两刀"的蛙中"大哥"——福建大头蛙的精彩表现。

## 最爱打架的青蛙——福建大头蛙

　　顾名思义，这种蛙有着大大的脑袋，脑袋占了身体的一半（大头大头，下雨不愁……）。这就是模式产地在福建崇安的福建大头蛙。皮肤色彩与斑点类似于潮湿的枯叶堆或者水塘浅底淤泥的样子，方便隐藏自己。

福建大头蛙（王聿凡 摄）

福建大头蛙分布在华东和华南部分地区，行动较迟钝，主要吃山林间的昆虫。为了繁殖，它们确实够拼的，称其为蛙界"拼命三郎"一点都不为过。

一"拼"是从外形上拼。雄蛙为了让自己在未来配偶眼中看起来更高大、更值得托付，玩起了"障眼法"，把自己包装得更大更壮。雄蛙不仅头大，后方的枕部也高高凸起，与头部连起来，跟突然收窄的腰部搭配起来，体型肥壮敦实，就像健美运动员的倒三角一样。虽然只是一种中等个子的蛙，但是这身材外形让雌蛙彻底折服于肌肉大哥的形象。

二"拼"是从声音上拼。尽管没有声囊，但它们的鸣叫行为却一点都不受影响。它们鼓起喉部，尽力鸣叫。想不到吧，它们的叫声比一般蛙类还要响，叫声还能高低起伏，抑扬顿挫。为了吸引异性，唱歌这个技能是青蛙无论如何都必须会的。

89

三"拼"是体现在武力值上的。别看它们个头不大，却是个为爱不惜拼尽全力的"愣头青"。前面提到雄蛙为了获得更多的交配权会在有限的地方争夺资源，它们会先选择一个合适的地点为安家做准备，一旦抢占地盘后，无论是利用体型还是武力，都要坚决守护自己的领地。性情凶悍的它们，具有强烈的领地意识。如果一只雄蛙闯入了另一只雄蛙的领地，一场争斗箭在弦上，参加决斗比赛的双方蓄势待发。请观看福建大头蛙决斗之连续剧版本。首先，它们会保持一定距离，试探性地叫几声，就像人们打架前放话"你要怎样？"。你一声，我一声，先循环几轮。如果对方还要强势地冲上来，那么冲突之前再掂量掂量，也许弱小的一方就主动认怂，悄然离开。若双方都是毫无退让的意思，那么口水仗就会变成实战。用什么攻击呢？这个秘密工具就藏在大大的嘴巴上。嘴巴钝尖，突出于下唇，可以用来作为"我戳死你"的尖下巴；发达的齿状牙板，可以用来作为"我咬死你"的伶牙俐齿。细皮嫩肉的大头蛙，经常因为雄蛙间的争斗而打得头破血流，甚至还会闹出蛙命。

福建大头蛙（吕植桐　摄）

四"拼"是指在繁殖的次数上比较拼。因为经常发生"打架斗殴"事件，家族人口受到自然减员的影响。并且它们一次拼了老命才三五十枚的产卵量确实比不过动辄成千上万产卵量的亲戚们。于是，它们利用一年内多次繁殖的方式，来弥补产卵量少的不足和后天容易损兵折将的问题，让家族壮大起来。

五"拼"是投机倒把式的拼。那些身体没有别人强壮，打架没有别人凶猛，地盘没有别人占优的蛙，只能守株待"蛙"，伺机求爱。要么来一招"螳螂捕蝉，黄雀在后"的戏码，要么来一招"鹬蚌相争，渔翁得利"的戏码，先假装围观看戏的旁观者，坐等两个好胜的雄蛙打得难解难分的时候，它再冲上去和雌蛙抱对，窃取胜利果实。

这个充满着矛盾又无比拼命的蛙，真的是繁殖内卷第一蛙。

## 百闻不如一见！

雌蛙择偶主要靠"听声辨蛙"，声音信号起主要作用。雄蛙求偶鸣叫的花样越多，即音节数量越多、种类越多，鸣声越复杂，越受雌蛙的垂青。但雌蛙择偶不仅通过声音，在蛙蛙"相亲"互选过程中，其他类型的感官信号也会影响雌蛙的决策，如雄蛙鸣叫时伸缩的声囊以及伸展四肢形成的"手语"。

蛙类的视觉信号分为静态视觉和动态视觉两种。其中，静态视觉信号主要是身体的颜色、斑纹（块）、鸣囊颜色等特征信息，可以简单理解为相亲过程中看到展示对方外形特征的照片；而动态视觉包括肢体动作以及鸣囊的伸缩变化等。视觉信号在蛙类通信，尤其是求偶信号传递过程中发挥着重要的作用。

声囊能够扩大鸣声，使声音传播更远，这是声囊的声学功能。起初科学家并没有意识到不断伸缩的声囊是一种重要的视觉信号，直到发现许多蛙类都具有颜色各异、形态迥然的声囊。因此，科学家猜测膨大的声囊在配偶选择的过程中作为一种视觉信号与声音信号协同发挥作用。许多雄蛙在求偶时一边鸣叫，一边伸缩声囊。鼓动的声囊不仅可以扩大声音，同时可以传递视觉求偶信号。意思是说，"你听听我，唱这么动听的歌声；你再看看我，吹这么好看的'气球'——还愣

三港雨蛙鸣叫时硕大的声囊（王聿凡　摄）

着干什么，快选我吧！"

科学家发现，雌性泡蟾明显偏好声囊视觉信号和声音信号结合形成的复合信号，并且推测声囊的视觉线索主要用于大合唱时对潜在配偶和竞争对手的侦测和定位。

第一次被科学家证明在雄性保护领地时伸缩的声囊具有视觉线索的是箭毒蛙。只有同时存在声音信号和视觉信号双重刺激时，雄性箭毒蛙之间才会发生打斗行为。

后来的多个实验也证明视觉展示既可以与声音信号一起发挥作用，也可以不依赖声音信号独立传达信息。

当通过视频回放的方法给海南锯腿树蛙同时呈现静态视觉信号（一只静止不动的雄蛙）和动态视觉信号（一只鸣囊不断伸缩的雄蛙）时，雌蛙会毫不犹豫地选择发出动态视觉信号的雄蛙。实验表明，相较静止的物体，青蛙对运动的信号

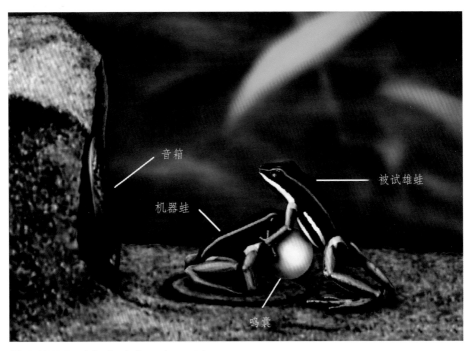

音箱

机器蛙

被试雄蛙

鸣囊

箭毒蛙的打斗行为（朱弼成　供）

更敏感。

青蛙是不是只对运动的物体敏感，对静止的物体就不敏感呢？

大量证据表明青蛙也能感知静态视觉信号。即使在漆黑的夜晚，阿塔卡玛蟾蜍也能像白天一样进行求偶和繁殖活动。在水池旁边放置一个猫头鹰模型后，刚才还十分活跃的小水塘很快就安静了下来，尽管模型是静止的。阿塔卡玛蟾蜍纷纷逃离了水池——因为它们"看到"自己的天敌猫头鹰就在水塘边上。

另外，在茂密的热带雨林里活动的箭毒蛙，展示出超强的空间识别能力，能准确记住方位信息的它们，用实力证明了自己具有发达的静态视觉能力。如果无法感知这些静态视觉信号，它们在长距离奔袭中就会迷失方向。

### 黑白还是彩色？

传统观点认为青蛙只能看到黑白图像。那么，青蛙眼中的世界到底是灰色还

海南锯腿树蛙静态视觉信号　　　　　海南锯腿树蛙动态视觉信号

（朱弼成　摄）　　　　　　　　　　（朱弼成　摄）

是彩色的呢？我们很难真实地模仿出青蛙眼中的景象，但通过一些视觉回放实验可以一窥它们眼中的世界。

尽管都是草莓箭毒蛙，但分布在不同岛屿的草莓箭毒蛙体色差异很大。科学家让绿色和橘色的雌蛙挑选对象，结果发现雌蛙选择配偶时具有明显的颜色偏好：绿色的雌蛙偏好绿色的雄蛙，橘色的雌蛙偏好同为橘色的雄蛙。这表明草莓箭毒蛙会选择与自身颜色一致的雄性配偶。更有趣的是当实验场景中的光源由白光变成蓝光后，雌蛙对同种颜色的偏好选择就消失了。

另外，科学家在欧洲树蛙身上做了两个十分有趣的实验。第一个实验，他们同时给雌蛙呈现一个苍白鸣囊的雄蛙和一个艳丽鸣囊的雄蛙，结果 71% 的雌蛙选择了彩色鸣囊的雄蛙——看来它们喜欢"彩色系"帅哥。第二个实验，同时给雌蛙呈现一个侧面有条纹的雄蛙和一个侧面没有条纹的雄蛙，结果 72% 的雌蛙选择了侧面有条纹的雄蛙——看来它们喜欢"条纹系"的帅哥。

这些实验都表明了青蛙具有彩色视觉，能看到彩色画面。尽管它们眼中的世界或许跟我们看到的景物不太一样，但应该也是彩色的。

### "百感交集"

蛙类的通信方式多种多样，包括声音通信、视觉通信、化学通信、触觉通信等。除了前面提到的是单模信号（只有单一的感觉信号），在复杂的环境中，有时蛙类还会采用多种通信手段相结合的方式进行交流——"百感交集"。比如，海南锯腿树蛙同时采用声音加视觉的方式，或声音加化学等多种感官信号来进行通信。这种整合声音、视觉、化学和震动等多种感觉系统进行通信的模式，被称为多模通信（扫描右侧二维码，了解一下）。

青蛙的语言：多模通信

多模信号可以给动物带来许多益处。例如，跨感官认知可以提高信号接收者对于信息的识别效率和记忆，这个过程就如同老师在上课的时候用嘴说话、手比画、多媒体动画演示、让学生触摸、闻和听等多种模式教学，学生获取信息的效率、专注度和记忆效果肯定比单纯从书本阅读或仅从老师口授来的高得多。通过运用多模通信方式，聪明的蛙类提高了在复杂环境下的通信效率。跟人类一样，青蛙也能结合声音和视觉信号的方式来通信。就好比，人们在菜市场、火锅店听不清对方说话时，可以通过观察对方的嘴型、表情和肢体动作来理解说话的内容。在特定的条件下，多模信号能够弥补单模信号造成的信号缺失或信息谬误，提高蛙类求偶效率。许多证据表明，与单模信号相比，雌蛙更倾向于选择发出多模信号的雄蛙。

下面来看一些百闻不如一见的蛙，如在嘈杂环境中，使用"手语"交流的小湍蛙，以及通过"你比我猜"解读"闲言碎语"的海南锯腿树蛙。

## 🐸 会"手语"的青蛙——小湍蛙

小湍蛙是中国特有的一种小型青蛙，主要分布在海南、广东等地。

它们长期生活在湍急的溪流中，体型逐渐适应了流水的状态，前胸贴后背，呈扁平状，以减缓冲击力。后肢细长，趾蹼发达，在湍急的水流中历练出了超强的划水本领。指、趾末端膨大成吸盘状，以便必要时身体能够紧紧贴附在溪流里的石壁上，扎好蛙步，避免谈恋爱或者觅食时被冲走。这种环境下，蝌蚪游泳能力超强，分散于急流处或瀑布下面的水凼中。为了固定在石壁上觅食，小湍蛙蝌

小湍蛙（朱弼成　摄）　　　　　　正在鸣叫的小湍蛙（朱弼成　摄）

蝌腹面嘴巴后方长着马蹄形大吸盘，自带吸附器，把自己牢牢地固定在溪流石间。

与大多数蛙类白天躲藏起来不同，小湍蛙这个不甘寂寞的家伙，无论白昼还是夜晚，都会利用一对咽下内声囊发出"吱－吱－吱"的连续鸣叫声，十分动听。

除了鸣叫，小湍蛙还会使用"招手"等多种肢体语言传递信息，结合鸣声，利用视听多模信号进行通信。肢体动作包括颤指、抬脚、招手、抖肢、水平摩擦、伸腿和"旗语"等 7 种。比如"旗语"，是指它们快速抬起前肢，或在空中挥动后肢，露出趾间白色的蹼，仿佛一面小旗子在空中挥舞。雄蛙的这些视觉动作不会受到溪流噪声的干扰，雌蛙也会通过肢体动作进行回应。

在命运齿轮转动的那一刻，小湍蛙就机智地利用起了肢体动作，把信息整合进通信系统里。而这个整合的最初来源和进化途径，大家并不清楚。细心的科研人员在野外被蚊虫叮咬时，发现小湍蛙也会被蚊虫叮咬；科研人员忍不住赶蚊子、挠痒痒的时候，青蛙也在赶蚊虫，条件反射性地做出防卫性肢体动作。至此，机智的科学家琢磨起了机智的小湍蛙，他们想到在溪流中，小湍蛙仅鸣叫而静止不动的话，会招来很多吸食血液的蚊虫。如果加上一些动作，除了能够撵走讨厌的小蚊子外，相对夸张的肢体动作与鸣声信号结合在一起或许能够传递更多的信息给潜在的配偶，增加吸引力，提高女嘉宾"亮灯"的可能性。这一场景，让我想起了大爷大妈一边跳着广场舞，一边拿着大蒲扇赶蚊子，还一边提高音量添油加醋地聊着东家长西家短的八卦剧情。

鸣声、被咬和赶蚊子动作三者可能存在相关性，为了弄清楚这一问题，我们进行了大量的野外观察，发现肢体动作展示和被叮咬概率呈正相关，说明小湍蛙发出的声音信号，在被蚊虫窃听之后，会吸引更多的蚊虫。也就是说，叫得越欢的小湍蛙，被蠓类等吸血蚊虫叮咬的风险越高，而被叮咬后为了驱赶蚊虫，蹦跶得也就越欢，肢体动作就越频繁。你想想，谁被蚊子叮了还不挠一下呢？反观，安安静静、不出声响的美男子，"手舞足蹈"的肢体动作就少得多。这就建立起了鸣声与肢体动作之间的联系，为视听多模信号的产生提供了可能。

而后，在雌性选择的驱动下，蚊虫叮咬诱发的肢体动作被雄蛙自然而然地整合进了视听多模通信中。举个例子，大家可能更喜欢跟夸张搞笑的小伙伴一起玩耍。科学家通过视频回放实验发现，那些具有相对夸张的肢体动作，包括招手和抬腿，伴随着发出鸣声信号的雄蛙，魅力值更高，吸引力更大。

故事讲到这里，我们稍微总结一下，小湍蛙可能偶然间利用鸣声信号和防

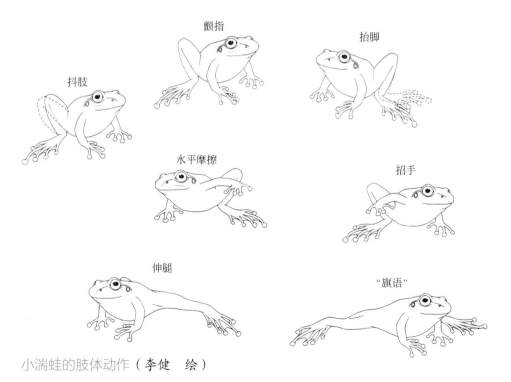

小湍蛙的肢体动作（李健　绘）

一只雄性海南锯腿树蛙被多只蚊虫叮咬（朱弼成　摄）　雄性海南锯腿树蛙做出驱赶蚊虫的动作（朱弼成　摄）

卫性肢体动作组成了多模通信，在性选择驱动下这一通信行为被强化并保留了下来。肢体动作的产生与鸣声的发出在时序上高度相关，大多数肢体动作是在鸣声之后产生，大概类似于先唱首歌起个头，再来"勾勾手指""挥一挥手"，这是锁定芳心的三部曲。至此，这场由蚊子引发的血案告破。这种由跨越物种的"第三人物"——吸血蚊虫外施压力衍生出的通信模式，成为视听多模信号进化的一种新途径。

事实上，这种模式并不是小湍蛙特有的，也不是第一个在小湍蛙身上发现的。早在揭开蚊虫驱动小湍蛙的肢体动作进化奥秘的 10 年前，我们就已经在海南锯腿树蛙身上观察并记录到了这一现象。这些证据暗示蚊虫的驱动压力很可能在蛙类中普遍存在。接下来，我们还会进一步探索动物视觉动作信号的进化起源、自然选择与性选择的关系。科学家团队期待你们的加入！

### 闻香识蛙？

检测和处理化学信息，是动物界中普遍存在的感知能力。即使是以声音通信为主的青蛙，化学通信在其社交或繁殖活动中的作用依然不容忽视。结合嗅觉和其他感官，雌蛙可以提高择偶效率及准确率。今天出门有没有"喷香香"，可能直接决定了雄蛙的回头率。

雄性海南锯腿树蛙做出驱赶蚊虫的动作　　滇蛙有非常明显的肩腺（郑普阳　摄）

（朱弼成　摄）

尽管在颜色、形态以及繁殖模式等方面都有实质性的差异，但非洲树蛙有一个共同特征：声囊上都有一个明显的腺体。科学家发现，腺体上挥发的化学成分具有物种特异性——不同物种的"体香"不一样。颜色鲜艳的声囊，不仅能发声、好看，还能散发迷人的雄性"荷尔蒙"，形成了"声音-视觉-气味"的多模信号，可以帮助雄蛙在嘈杂的合唱团中分辨同种个体，有助于雌蛙快速、准确地定位和识别同类，避免在昏暗的夜里抱错对象。

当然化学信号也可以单独发挥作用。雄蛙分泌的多肽类物质或挥发性小分子化合物，可以在水里或空气中扩散，实现通信功能。滇蛙的肩腺是一种由简单腺体聚集在动物前肢后方体侧所形成的腺体结构。与婚垫类似，均为雄蛙所独有，且繁殖季腺体的发达程度比非繁殖季更高。肩腺是否在滇蛙的通信过程起着重要的作用呢？

科学家解剖出滇蛙的肩腺，并研磨成浆状，然后把匀浆作为刺激源进行行为学实验，结果显示肩腺匀浆可以吸引雌蛙。科学家发现这种多肽或蛋白类的信息素，能够在雄蛙鸣叫间歇期，散发出"迷人"气息，帮助雌蛙在短距离内定位潜在配偶。事实上，除了滇蛙，所有雄性琴蛙在繁殖季节都有肩腺。肩腺分泌物很可能与声音信号叠加发挥作用，帮助雌蛙更准确地定位雄蛙。

福建竹叶青蛇正在捕食雄性海南锯腿树蛙（张豪迪　摄）

当遭到捕食者攻击时，动物会向环境中释放警戒线索，告知小伙伴附近有危险。科学家在野外观察发现，当抓住海南锯腿树蛙时，它们会发出刺鼻的气味。当雄蛙闻到这种气味时，会减少鸣叫频次，这表明刺鼻气味可能具有警示危险的作用。同时，这种刺鼻的气味会引发雌蛙的回避行为，表明雄蛙的干扰气味可作为同类的警戒线索，好像在告诉雌蛙，"你的心上人已经遇到危险了，你赶紧躲起来。"有趣的是，当给毒蛇呈现这种刺激气味时，它们吐信子的频次会显著增多，暗示这种刺鼻的气味可能被潜在的捕食者"窃听"。蛇期待地说道："嗯！就等你现身，俺好填饱肚子了。"

### 是谁在敲打我窗？

震动信号是一种十分特殊的通信信号，在蛙类中十分罕见。一些在水面鸣叫

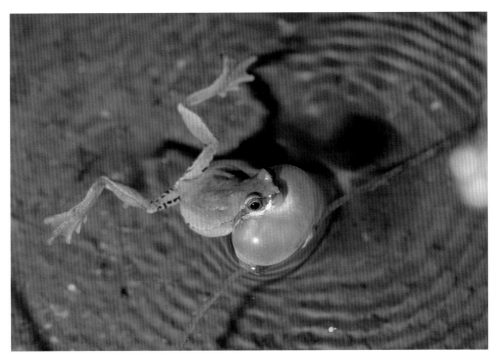

三港雨蛙鸣叫时在水面形成"涟漪"（王聿凡 摄）

的蛙类（如黑斑侧褶蛙、沼水蛙、三港雨蛙）通过鸣叫时伸缩的鸣囊在水面形成涟漪，发出震动信号。

泡蟾能通过鸣声和水面波纹传递的时间差计算与竞争对手之间的距离。当然，这种信号也会被捕食者"窃听"。

除了在水面上撒欢的震动蛙，还有一些故意在森林中制造出震动，从而震慑围观者的青蛙。接下来请欣赏它们不要钱的"摇树"表演。

## 🐸 卖力摇树的青蛙——红眼树蛙

震动信号同样可以单独发挥作用。红眼树蛙是使用震动信号的佼佼者。

这是一种集美貌、智慧于一体的树蛙。红眼树蛙，因为有着猩红且充满活力的眼睛，所以起名为"红眼树蛙"。那对突出的、红色的大眼睛，让人过目难忘。

喜欢"摇树"的红眼树蛙（朱弼成　供）

不仅如此，它们身体其他部位的颜色也非常鲜艳，背部有着如同嫩叶般鲜艳的亮绿色，肚子却是白白的，身体两侧精致地"设计"出海蓝色和奶黄色镶嵌的花边，四肢内侧呈蓝紫色，脚丫子是亮丽的橘红色，就连画家也描绘不出如此大胆又协调的配色，不愧是大自然"鬼斧神工"的杰作。

红眼树蛙主要分布在哥斯达黎加和墨西哥的热带雨林。跟其他树蛙一样，红眼树蛙脚趾末端长有吸盘，能够分泌特殊黏液，使它们在雨林中健步如飞。白天，它们是一片片睡着的"树叶"；晚上，它们在雨林中自由攀爬，觅食访友。

当它们遇到危险，躲避或者隐匿起来时，身体就会蜷缩在树叶上，调色开关响应，调低身体的明亮光泽，让自己和环境的色调一样。身体有色彩的部分，都被很好地"收敛"起来了——大大的红眼睛闭合起来了；健美的双腿收缩起来了；捉迷藏的它，找不到了……此时，说它是一片绿叶，也毫无违和感。这么多片树叶,捕食者哪能分清呢?如果真的被猎手发现了,它也不怕。在这绿油油的天地中突然睁开两只通红的大眼睛,就算是猎手也会被吓一跳。趁捕食者晃神的间隙,它伸展大长腿"蹦跶"一跳,便逃之夭夭了。

科学家在野外对红眼树蛙进行深入观察时,意外地发现它们鸣叫时会有其他"小动作"。当雄蛙鸣叫时,伴随着屁股快速地上下摇动,从而带动周围的树枝一起发生震动。不仅是树叶,它还会利用多种植物发出不同的震动,包括叫声形成植物的震颤,后腿用力摩擦植物茎干和枝叶时,也会发出琴弦拨动般的颤动。

那么,雄性红眼树蛙为何要"摇树"呢?原来它们近乎疯狂地摇树不是为了吸引雌性,而是为了跟其他雄性争地盘。这种臀部摆动行为不但神奇,对动物行为学研究同样具有重要意义。

与红眼树蛙摇树不同,一些非洲树蛙喜欢在树叶上发出震动,以此向同伴传递信号。

青蛙们为了获得配偶,使出了浑身解数。吹拉弹唱,样样都来;唱的,看的,闻的,震动的,一个本领都不能少。到了繁殖季节,雄蛙们率先抵达"相亲广场",聚集在水边或者水源附近,通过前面修炼获得的求爱技巧,"咕呱咕呱"地诉说着自己的情话,通过此起彼伏的鸣声和一鼓一合的鸣囊多角度地展示着自己的魅

抱对的黑眼睑纤树蛙(缪靖翎 摄)

抱对的阔褶水蛙(王聿凡 摄)

抱对的红蹼树蛙（朱弼成　摄）

力，博得雌蛙们的青睐。

　　当它们"确认过眼神"后，"面对背""背对背"等姿势的拥抱便开始了。抱对，顾名思义，就是在繁殖季节，雄蛙和雌蛙拥抱配对的意思。多数情况下，雄蛙体型比雌蛙小，它趴在雌蛙背上，通过婚垫和婚刺增加摩擦力，紧紧抱住雌蛙。不同蛙类拥抱的位置不同，有些蛙抱住胯部，较高级种类的蛙则习惯抱住腋下。雄蛙不断用前肢摩擦雌蛙的腋下，促使雌蛙摩擦刺激通过外周神经传导至中枢神经，再下达命令至垂体，通过激素作用诱导雌蛙排卵。在激素和神经的支配下，成熟的卵子排出体腔。与此同时，雄蛙也将精液排出，精子和卵子结合。

　　求偶、择偶和交配，这是一个复杂的生理和行为过程，无论对于雌蛙还是雄蛙来说，都不容易。之后就是产下爱情的结晶，让我们一起看看这一粒粒"黑珍珠"是如何发育成一只只小青蛙的……

# 第 3 章

青蛙靠实力带娃

水中科斗长成蛙，林下桑虫老作蛾

云南大围山（缪靖翎　摄）

## 🐸 小蝌蚪"变形记"

孩童时期，我们都见过池塘里一团一团的小黑点。过一段时间，这些小黑点就变成了一只只活蹦乱跳的小蝌蚪。童年时期，拿着网子在池塘里、稻田边捞蝌蚪的记忆，深深地刻在了每个孩子和许多大人的脑海里。"捞漉蛙蟆脚，莫遣生科斗。"我们把这些"小黑点""小逗号"捞回家，养在鱼缸里观察它们变成青蛙的过程。只是很多时候，这个过程往往以悲剧结束，很少有人能看到小蝌蚪逐渐长出后腿、前腿，尾巴萎缩变成青蛙的全过程。

所有蛙卵都是像火龙果的种子、像果冻一样包裹的黑点儿吗？卵是怎么变成一只大脑袋、长着尾巴像小鱼一样游泳的蝌蚪的呢？小蝌蚪又是如何变成一只蹦蹦跳跳的青蛙的呢？

### 是卵？是果冻？还是火龙果？

卵是蛙的一生开始的第一个阶段。多数蛙类在温度、湿度适宜的繁殖季节集中产卵一次，而有些蛙类可一年内多次产卵。

雌蛙产卵的时候，无任何包裹的蛙卵从输卵管壁沿途"旅行"，包裹着胶膜的卵子再由泄殖腔排出。大多数蛙类会进行体外受精（体内受精的尾蟾是个例外）。

蛙类大多将卵产在淡水中，尽可能让后代能够在雨水丰富的地方成长，依靠水中的氧气和食物完成发育。尽管少数蛙类会选择在远离水塘的特殊地点产卵，但是它们的卵依然无法完全离开潮湿或者有水的环境，如树蛙在树枝上、岸边陆地或是湖面上方能够积水的树叶尖上产卵，雨林里的箭毒蛙将卵产在凤梨科植物叶心的水洼中，有些琴蛙通过嘴巴挖掘泥土筑巢产卵，有些生活在干旱地区的蛙会将卵产在暴雨后的临时水坑中。

一般来说，青蛙有两种产卵策略。一种是"以量取胜"，只要"承包"了这片水塘或者稻田，蛙妈妈就不顾观众的密集恐惧症，一股脑儿地产出成千上万枚卵，这种卵通常比较小。任其自由生长，哪怕被天敌吃掉一大部分，依然能够儿孙满堂，实现种族繁衍。另一种是以"高质量陪伴"为宗旨的"少生优育"策略，

双色棱皮树蛙的卵（缪靖翎 摄）

海南刘树蛙的卵（朱弼成 摄）

海南锯腿树蛙将卵产在土洞里（朱弼成 摄）

眼斑刘树蛙将卵产在竹筒内壁
（朱弼成　摄）

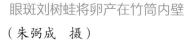

布氏泛树蛙的泡沫卵（王聿凡　摄）

蛙妈妈产出少量的卵，由蛙爸蛙妈亲自抚养，拉扯着孩子们茁壮成长，在"一个都不能少"的保护宗旨下，兄弟姐妹们大多都整整齐齐地长大。另外，在一些食物缺乏、天敌众多、繁殖期短、生存环境极其恶劣的特殊情况下，甚至还有"独生子女"政策，便于蛙爸蛙妈手把手地照顾独苗。

跟其他动物的卵一样，蛙类的受精卵也分为动物极和植物极。多数情况下在孵化前期，受精卵依靠卵黄自给自足，卵黄能够提供发育所需的营养。每种蛙卵的孵化时间不同，在适宜的温度和氧气条件下，三天至几周不等的时间，小蝌蚪就孵化出来了。以黑斑侧褶蛙为例，在20℃下胚胎发育分为26个时期，大约会经历200小时，也就是8天左右的时间。

### 你捞的是什么蝌蚪？

既然是捞蝌蚪、养蝌蚪的过来人了，必须告诉你们一些我的童年悲剧，好让你们规避。我小时候从小水沟或者鱼塘里，捞了一把小蝌蚪回家，耐心等它长大，期盼着它们长成可爱的小青蛙再放回池塘里。盼啊盼，结果小蝌蚪竟然长成

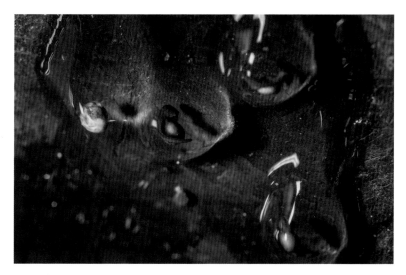

红吸盘棱皮树蛙将卵产在石壁上（缪靖翎　摄）

了……癞蛤蟆？！我们确实有点儿以貌取蛙了，谁让它蹦出来把我妈吓一跳呢。

这么多年过去了，我还看到有些人的小蝌蚪养成了不被期待的癞蛤蟆！这哪坐得住呀，马上教大家辨别。对了，还是要先提醒大家：无论是青蛙还是癞蛤蟆的蝌蚪，最好让它们在自然环境中成长，别随随便便抓回家养。

想要根据卵的形态来区分青蛙和蟾蜍，也不是不可能。不同的类群，它们卵的数量、大小、形态、排列方式、发育特征和发育条件，通常都具有各自的特点，这跟生活环境和历史演化有关。蛙卵直径大小一般在 1～5 毫米，比奶茶里面的"珍珠"要小得多，但是比火龙果种子要大得多。

溪流中和稻田中的蛙卵，排列方式和外部形态就会有明显差异。多数情况下，在静水塘里的蛙卵，一般体积较小，可根据排列方式分为单粒状、片状、块团状和带状。在溪流中的蛙卵，存在被冲走的风险，需黏附在植物茎或石块等上面，常见有圆环状、块堆状和串状，且卵黄含量较高，卵相对较大。狭口蛙的卵粒呈帽状分散漂浮于水面；姬蛙卵粒小，卵群呈薄片状铺于水面。一般青蛙的卵呈单独的颗粒状，许多卵簇拥在一起；树蛙通常产卵过程通过后肢搅拌形成泡沫卵，远远看上去像一个气球；而蟾蜍的卵则排列在圆筒或长管状胶质卵带内，呈独特的链珠状，缠绕在水草或分布于水底；角蟾的卵多产于溪流石块底面，呈环状、块状或堆状；棘蛙的卵呈葡萄串状悬于岸边附着物上。

如果错过了卵发育的阶段，看到的时候已经是蝌蚪了，该怎么判断呢？这个时候，需要根据经验来判断。我们周围常见的蟾蜍有中华蟾蜍、黑眶蟾蜍等，其蝌蚪通常都是黑黢黢的，并且蟾蜍蝌蚪不太爱动。如果你在池塘里看到黑压压的一群蝌蚪聚在一起，就像在"开会"一样，那大概率是蟾蜍的蝌蚪。身边常见的青蛙是黑斑侧褶蛙，相较于蟾蜍的蝌蚪，青蛙的蝌蚪通常偏黄色或者棕色。有些蝌蚪小时候就开始长着跟爸爸妈妈相近的颜色。部分物种的蝌蚪甚至是透明的，长大后，很大概率会变成青蛙。等小蝌蚪长大蜕掉尾巴，基本就能分清是青蛙还是蟾蜍了。

### 先有前腿还是先有后腿？

你是不是以为蝌蚪就是实心的"小逗号"，是不是以为它仅仅就是一个小黑点？殊不知大大的、圆溜溜、萌萌的脑袋，身后拖着宽扁的小尾巴，其实人家"麻雀虽小五脏俱全"。它可是有鼻子有眼儿，有嘴巴有腿儿。在显微镜下，具有三维凹凸头部的它们，似乎在用小眼睛和小嘴巴朝你魔性微笑呢！不同于成体，蝌蚪大多是小小的眼睛，位于头部两侧；没有眼睑"双眼皮"的加持，小眼睛看起来有点无神；腹部大多有吸盘，通过吸附在石头表面，避免被水冲走。

你不知道吧？蝌蚪也分食肉的和食素的。大多数蝌蚪在发育早期是植食性的，鼓囊囊的肚子就是为了装下较长的螺旋状盘绕的肠道。有些蝌蚪主动出击，通过唇齿"刮取"食物；有些蝌蚪嗷嗷待哺，通过漏斗状的嘴巴"滤取"食物。

变态期间蝌蚪出现了一系列身体内部和外部的变化，开始了"从水到陆"的升级改造，堪称动物界的"变形记"。接下来我们以峨眉髭蟾为例，展示青蛙"变形"的整个过程。

蝌蚪发育到一定阶段，肉眼可见的变化出现了，有5个趾头的后肢逐渐生长出来。在变态后期，前肢终于也从鳃盖内露了出来。这就是为什么我们总看到

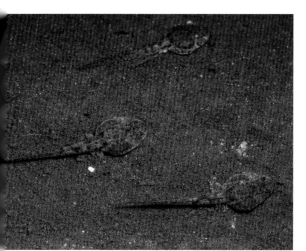

陇川大头蛙的蝌蚪（缪靖翎 摄）

眼斑刘树蛙蝌蚪的面部特写

（徐廷程 摄）

青蛙的前腿晚于后腿出现的原因。与此同时，各种变态发育过程陆续加速发生，皮肤、嘴巴、眼睛、尾巴、脏器等都发生了一系列显著的变化。发育后期蝌蚪肠道逐渐变短以适应变态阶段，食性逐渐转变为肉食或腐食，甚至出现大蝌蚪吃小蝌蚪的现象。心肺以及消化系统为了登陆变得更加发达，内鳃和尾巴逐渐萎缩。有句歇后语形容了青蛙在发育过程中的重要特征，"蝌蚪变青蛙——有头无尾"。

我们稍微想象一下就可以体会到，从小蝌蚪到小青蛙的跃变需要付出多大的努力。为了开启从水到陆的一小步，它的身体迈出了一大步。在呼吸方面，内鳃转变为发达的肺，实现了呼吸自由；在运动方面，尾鳍转变为四肢，实现了运动自由；在食性方面，植食性转变为肉食性，实现了食物自由；在形态方面，小眼睛、无眼睑转变为大眼睛、有眼睑，实现了大眼睛和双眼皮自由；在感观方面，舌头、鼓膜的出现替代侧线器官，实现了五感自由。多重奇迹叠加，蝌蚪实现了水生到陆生的完美蜕变。

每种蛙的蝌蚪发育时间不尽相同，在适宜的温度和氧气条件下，大部分蛙从卵孵化到长出后腿，需要半个月左右的时间。完成变态则需要 2 ~ 3 个月。有

雌雄峨眉髭蟾相遇相爱（左为雌性，右为雄性；缪靖翎　摄）

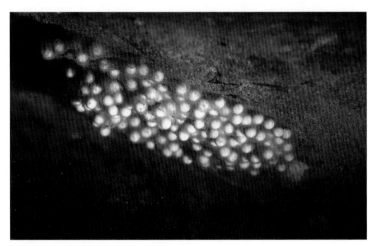

雌性峨眉髭蟾产下后代（缪靖翎　摄）

　　卵开始发育（缪靖翎　摄）

在雄性峨眉髭蟾的保护下，卵顺利发育成蝌蚪（缪靖翎 摄）

大蝌蚪茁壮成长（缪靖翎 摄）

经过漫长的发育期，蝌蚪蜕变成峨眉髭蟾（缪靖翎 摄）

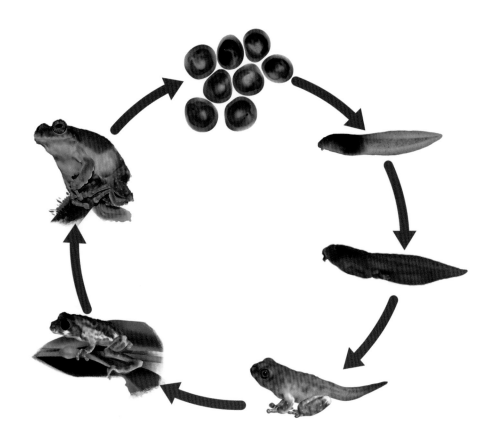

海南锯腿树蛙的发育过程——生活史（朱弼成　供）

些生活在雨季临时水坑的蝌蚪，遵循"不变态、就会死"的思路，发育速度奇快，铆足劲生长，它们完成变态发育只需要二十来天；而生活在海拔较高、气温和水温较低地区的蝌蚪，有些是越冬型蝌蚪，如峨眉髭蟾的蝌蚪，发育速度奇慢，你可以在同一片水域看到不同发育龄期的蝌蚪，它们需要少则一两年，多则三五年才能完成"变形"。这类蝌蚪的体型普遍较大，生活在较冷水域，又大又不爱动，所以很容易被捕食者或者人类盯上。也有一些蛙类，整个孵化期和变态期都是在卵膜里面完成的，跟其他蛙类发育相比，缺少了蝌蚪在水中自由自在游泳的这个典型阶段，跟从石头缝里蹦出一只猴子的剧情相似，一不留神，就直接蹦出了一只小蛙。

下面让我们来看一些不走寻常路的蛙蛙们，有比妈妈体型大十倍的奇异多指节蛙的巨型蝌蚪宝宝，有直接从卵里面跳出小蛙的勐海灌树蛙，有直接体内受精后、从妈妈肚子里生出来就是小蝌蚪的印尼尖牙蛙，还有跟人类婴儿一样在妈妈体内发育完成后生出小蛙的水雾胎生蟾。

## 🐸 最矛盾的青蛙——奇异多指节蛙

奇异多指节蛙，体型中等微胖，成体体长 4.5 ~ 7.5 厘米，跟我们的小指头差不多长。皮肤光滑有黏液；头小，眼睛和鼻孔突出。后肢长，肌肉发达。外表长得跟美洲牛蛙有点像。

奇异多指节蛙分布于南美洲的阿根廷、亚马孙河等地，通常生活在静水池、沼泽地。白天和晚上都很活跃，捕食昆虫和小青蛙。

抱对的小弧斑姬蛙（朱弼成 摄）

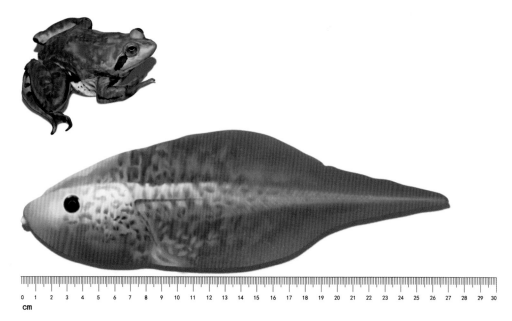

奇异多指节蛙和蝌蚪之间巨大的"体型差"（朱弼成　供）

　　繁殖行为与临时降雨有关。雄蛙漂浮在水面上鸣叫，鸣声由 8 ~ 11 个脉冲构成，并不像有人形容的鸣声像猪发出的咕噜声，而与小弧斑姬蛙的鸣声十分相似。

　　雌蛙会把卵产在水塘边的泡沫里。为了在恶劣的环境下生存，青蛙妈妈让自己的蝌蚪们各显神通，进化出了不同的形态，有的尽量变小，隐匿到让你看不见，有的尽量变大，夸张到让你吓一跳。蝌蚪界估计是懂"巨物恐惧症"的，很多蝌蚪都很大，牛蛙蝌蚪长度在 10 厘米以上，齿蟾蝌蚪比自己的蛙妈妈都要大很多。然而，它们都不是奇异多指节蛙同级别的对手，奇异多指节蛙的蝌蚪可以长到 27 厘米，你能想象一只有 A4 纸长边那么长的蝌蚪吗？

　　虽然看上去相貌平平，毫无特色，但奇异多指节蛙却广为人知。原因是巨大的蝌蚪与变态后成蛙之间巨大的"体型差"，蝌蚪的长度是成年蛙体长十多倍，夸张的程度就像《千与千寻》里汤婆婆和她的巨婴宝宝的对比一样强烈。正因如此，奇异多指节蛙又被称为"萎缩蛙""矛盾蛙"。

这种情况的发生，也是需要物质条件支撑的，它们只会在永久性水塘里长成巨型蝌蚪宝宝；而在季节性临时形成的水塘里，蝌蚪会在水干涸前，提前完成变态发育，留给它长身体的时间不多，所以个头不会长得那么大。蝌蚪不挑食，基本碰到什么吃什么。另外，越冬型蝌蚪的体型也会比在一个季节完成生长发育的蝌蚪要大。有趣的是在永久性水塘中的大蝌蚪虽然还是幼体形态，但通常与成体相关的特征在完成变态前就已经开始发育了，包括生殖细胞、肠和肺的形成。

多指节蛙家族目前共发现有 7 个物种，均分布在南美洲北部，生活史类似。它们的皮肤中含有抗菌肽和糖尿病治疗药物等多种化合物。

## 🐸 家族小萌新——勐海灌树蛙

灌树蛙属是 2010 年才建立的树蛙科新属，属内包括了勐海灌树蛙等近年来才陆续发布的新种。

勐海灌树蛙于 2021 年通过分子系统发育并结合形态学证据被定为新种。它们常常栖息于常绿阔叶林下的灌木丛中，背面皮肤光滑，腹面布满较大而扁平的疣粒。皮肤会呈现出多种不同的颜色，有灰紫色，深棕色，还有些介于两种颜色之间并带一些褐色花纹。

跟家族内其他成员的特征一样，勐海灌树蛙体型也特别小，雄性平均体长为 1.6 厘米，雌性比雄性长 0.1 厘米。这是什么概念呢？勐海灌树蛙身体长度差不多只有人的手指头那么宽。

灌树蛙属的所有物种还有另外一个显著特征，跟繁殖方式有关。它们不经历卵发育为蝌蚪的过程。科学家有幸在野外看到了小蛙直接在透明的卵里发育的全过程，还记录下了发育完全的小蛙蹑手蹑脚地从软糯有弹性的卵胶膜中钻出来的神奇场面。

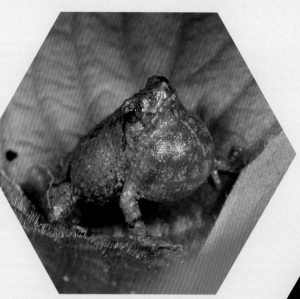

勐海灌树蛙（一）（蒋珂 供，王剀 摄）

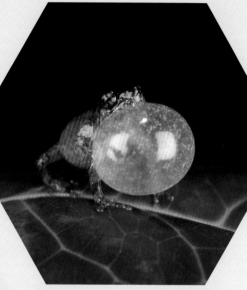

勐海灌树蛙（三）（郭峻峰 摄）

勐海灌树蛙（二）（郭峻峰 摄）

## 直接生下蝌蚪的青蛙——印尼尖牙蛙

印尼尖牙蛙是一种小小的、长着尖牙的青蛙，因为它太太太……特殊了，包括长相、吃饭、生孩子都和别的蛙不一样，这可把科学家难倒了。早在 1998 年，研究人员在印度尼西亚苏拉威西岛就发现了它们，历经 16 年，直到 2014 年才将它归为大头蛙属的新成员。

粗看印尼尖牙蛙的外形，好像就是一只普通的青蛙，体长 3.1 ~ 4.8 厘米，重 5 ~ 6 克。头部较窄，吻端很尖。瞳孔呈菱形，上眼睑凹凸不平。背部大多呈灰、褐、棕色搭配，鼓膜明显，雄蛙喉咙的颜色较深，有些个体有明显的黑色新月形斑点。四肢纤细，脚有全蹼。

### 有尖牙，能吃肉！

令人惊讶的是，它们竟然长牙了。雄蛙下颚有两个尖牙状的突出物，因此它们有"印尼尖牙蛙""长尖牙青蛙"的"名号"（让我想起了獠齿幻蟾和小丑蛙）。饿了的时候，尖牙蛙只需张大嘴巴耐心等待猎物从身旁经过。它们可以迅速伸出舌头锁定猎物，再利用锋利的尖牙撕扯猎物。它们围猎的对象不仅有昆虫，厉害得几乎能"雁过拔毛"，小型鸟类也在它们的食谱里。因为科学家在其未消化的粪便里，发现了鸟类羽毛。尖牙不仅是它们和同类争夺最佳交配地点的"武器"，还能撕碎猎物，也能在被捕食者攻击时保护自己。

### 你产卵，我直接产蝌蚪！

印尼尖牙蛙生活在热带雨林中，平时喜欢在雨林小溪边或水洼旁栖居，多数时候隐藏在湍急溪流旁边的岩石、树枝、枯叶堆或其他植被下方，以躲避同属其他"尖牙一族"的蛙类以及其他蛇类和鸟类的攻击。

成年雄蛙倾向在远离溪流的小水塘里鸣叫，吸引雌蛙前来交配。交配后，雌蛙在远离溪流的小水池中生下小蝌蚪，避开溪流周围更大体型尖牙蛙的捕食，雄蛙也会在附近保护蝌蚪。等等，是不是 3 倍速快进了，怎么没跟上节奏？它不产

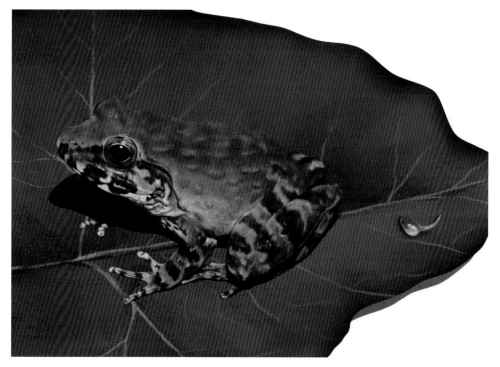

印尼尖牙蛙和蝌蚪（朱弼成　供）

卵，而是直接生出小蝌蚪？对的，你没错过关键信息，印尼尖牙蛙是目前已知唯一一种体内受精后直接生出蝌蚪的青蛙。

印尼尖牙蛙就是那个唯一，它拥有和其他蛙类都不一样的繁殖方式——卵胎生，即直接跳过了卵生的过程。科学家发现雌蛙体内平均有 50 多枚卵，有人曾在一只蛙体内发现了 103 枚卵，分布在左右两侧输卵管中，卵直径大约为 3 毫米。与其他蛙卵不同的是，蛙卵没有外面那层"果冻"，也许是因为体内孵卵不需要卵胶膜的保护。

卵在雌蛙体内受精，在输卵管内经过一系列胚胎发育过程后长大成蝌蚪。蝌蚪主要以自身携带的卵黄来供给生长发育所需的营养，也有少部分以吸收输卵管内的体液和排泄物为养分，一直维持至蝌蚪出生。当卵黄养分耗尽时，蝌蚪也基本发育成熟了。在输卵管里发育的蝌蚪大多颜色透明，这时候的它们有 1.3 ~ 1.4

厘米长，已经学会了游泳技能，是时候告别蛙妈妈，离开家独自冒险了。有时如果遇到外界突发状况，即使没有到"预产期"，小蝌蚪也会提前离开母体。出生后一切就靠自己了，它们必须在水塘附近找到饱腹的食物。

### 神奇的进化！

前面我们已经提到，99.9% 的青蛙都以体外受精的方式繁殖后代，在已知的 6400 多种青蛙中，体内受精的只有不到 12 种（这个数字可能会随着研究的深入不断增加）。有些看似普通的青蛙却在繁殖模式上不走寻常路，发生了神奇的演化，如蛙卵在排出体外之前就已经在体内受过精了，还有些青蛙的受精卵能直接在母体内孵化。

发现一个新物种可能并不稀奇，但在新物种身上发现一种新的繁殖方式令科学家无比着迷。印尼尖牙蛙的繁殖方式放在整个青蛙王国也都是最特别的。这种繁殖方式，可以极大地提高幼体的存活率，一动不动的蛙卵和活蹦乱跳的蝌蚪相比，后者抵御风险的能力和存活率肯定更高。

至今，我们仍然不知道印尼尖牙蛙是如何完成体内受精的。青蛙没有传统意义上的生殖器官让精子和卵子相遇。尾蟾的"小尾巴"能将精子送到雌蛙体内，但科学家找遍了尖牙蛙身体的每一寸皮肤，都没有发现类似功能的器官。另外，关于蝌蚪在雌蛙体内的生长发育及演变的详细情况都不清楚，还有很多未知之谜等待揭示。

印尼尖牙蛙是苏拉威西岛特有物种。据推测，岛上有 15 种甚至更多的尖牙蛙。尖牙蛙类群静静地待在岛上，与世隔绝，呈现出适应性辐射进化特征，各自占据着不同的生态位。

尽管目前仍然能在有人为干扰的地区发现印尼尖牙蛙，但人为侵扰和猎杀捕捉对它们来说是一个潜在威胁，科学家一方面想要通过调查，好好研究清楚它们的特殊习性，一方面又希望它们干脆就这样一直隐匿山林，远离人类，安全地活着。

## 🐸 直接生下小蛙的水雾胎生蟾

水雾胎生蟾，又叫非洲胎生蟾蜍。体型极其微小，成体体长只有 1.0 ~ 1.8 厘米，比一个 5 毛钱硬币还小，而幼体只有一粒普通胶囊药长度的 1/2，刚出生时身型大小跟蚊子差不多。四肢细长，眼睛大而乌黑。体色鲜艳，背面颜色为黄色或金色，伴有黄色或褐色斑点。腹部皮肤透明，就连肚子中发育的蝌蚪都清晰可见。没有鼓膜。主要以小型昆虫为食。

水雾胎生蟾属于胎生蟾属，约有 13 个属内亲戚，都分布在坦桑尼亚。科学家于 1996 年科考时在坦桑尼亚基汉斯峡谷一个瀑布下方发现了水雾胎生蟾。它们仅分布在坦桑尼亚的乌德宗瓦山脉和东部的弧形山脉 2 公顷区域内，成体生活在河道峡谷中有水雾笼罩的潮湿区域。这个区域内温度恒定，湿度几乎为 100%。因为长期生活在瀑布溅水区，所以鼻孔内有瓣膜，这是水雾胎生蟾的一种适应性进化结构。

雄蟾会发出"吱－吱－吱"的鸣叫，在鸣叫时会将后腿向后伸展，露出深色腺体。科学家推测这是它一展雄风的必杀器，深色腺体不仅能提供视觉上的信

水雾胎生蟾（朱弼成　供）

息，同时还能释放信息素，向其他雄性宣示领地。

与 99% 的蛙类不同，水雾胎生蟾也是体内受精，这跟前面提到的尾蟾和印尼尖牙蛙一样。卵直径为 2.4 毫米，只有牙签那么粗。一窝卵的数量少的只有 5 枚，多的有 20 余枚。受精卵在雌蟾输卵管中长大，发育成为蝌蚪并继续赖在蟾妈妈的输卵管中完成变态发育，最后雌蟾直接产下体长仅为 5 毫米的幼蟾。幼蟾紧贴在妈妈的背上，慢慢成长，叫声极其微弱。幼蟾背面为深灰色，腹侧皮肤为白色。长大后，侧面会出现蓝灰色条纹，头上也会出现条纹。

面对水雾胎生蟾，研究两栖动物的专家和研究人类的专家都沉默了。沉默，是因为还有太多未知。众所周知，两栖动物的繁殖方式与人类的繁殖方式相差甚远，但神奇的是，水雾胎生蟾的繁殖模式却与人类惊人的相似。雌蟾生下蟾宝宝的过程就如同人类产下婴儿，只不过这些蟾宝宝是在输卵管内完成变态发育的，而人类宝宝是在子宫内慢慢生长的……

## 🐸 靠实力带娃的青蛙

"莺燕各归巢哺子，蛙鱼共乐雨添池。"小蛙们一出生就不得不面对重重困难：大部分蛙仗着自己的产卵量足够多，经历各种损耗后依然能维持种群规模，因此产卵后便对卵不闻不问，任凭风雨飘摇的大自然与凶猛的捕食者处置。但是，在残酷的现实面前，看起来"弱小"的青蛙没有坐以待毙，而是积极面对。

最早从卵的时候起，它们就未雨绸缪，为给蛙卵提供一个安全场所可谓"机关算尽"。大部分的蛙卵都是产在水体的中下层，这样不可避免会被水蚤等肉食性水生昆虫和鱼吃掉。聪明的饰纹姬蛙选择将自己的卵产在水面上，蛙卵借助水面张力，漂浮在水面上，有效避免了蛙卵受到水底捕食者的掠食。

有些蛙妈妈还是觉得蛙卵待在水里不安全，想方设法让蛙卵远离水底的捕食者。雄性仙琴蛙在离水塘不远但又不直接连通的泥洞中筑巢，让蛙卵和蝌蚪安全地待在"房子"里面，长大后再回归池塘。

抱对的饰纹姬蛙（姚忠祎　摄）

仙琴蛙精致的"房子"（崔建国　摄）

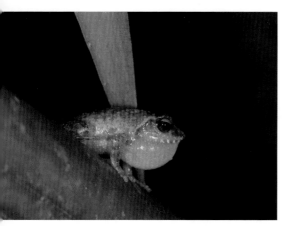

眼斑刘树蛙的竹房子（徐廷程　摄）

眼斑刘树蛙在竹筒内繁殖（朱弼成　摄）

　　而斑腿泛树蛙更胜一筹，它们直接将卵产在密封的卵泡里面。雌蛙用后腿搅拌产生泡沫，泡沫最外层在接触空气一段时间后便开始变硬，将蛙卵封存在里面。卵泡简直就是绝佳的育儿室，不仅为蛙卵提供水分、氧分和养分，更创造了一个天然的避风港。卵泡通常产在水塘上方几片交织在一起的树叶上，等蛙卵发育成蝌蚪，蝌蚪就从卵泡底端的黏液上挣脱下来，掉进水坑里。

　　当然，并不是所有蛙爸蛙妈都是能工巧匠，能够学会筑巢或者打卵泡，那么其他爸妈又有什么护娃绝技呢？

　　小小的眼斑刘树蛙对竹筒情有独钟，它们不仅在竹筒内求偶，更在竹筒里产卵。小小的竹筒，捕食者根本无法进去。蝌蚪一直住在竹筒里，直到蜕变成幼蛙，它们以竹筒内的腐殖质和青苔为食。既不用担心受到捕食者的骚扰，也不用担心饿着肚子，更重要的是还不用花费多余的时间来筑巢或者产卵泡，一举多得。眼斑刘树蛙还真是把人类老祖宗"不可居无竹"的生活哲理刻到了进化的基因里。

　　同样，并不是所有的蛙都能幸运地找到自己的"竹房子"，爱子心切又聪明绝顶的父母对自己的身体打起了主意。估计家长们觉得把卵放到哪儿都不安全，还是带在身边比较妥当吧！箭毒蛙干脆将蝌蚪背在背上，走到哪，背到哪，哪儿快没水了就抓紧时间转移，成为蛙界名副其实的孟母和孟父。神奇的负子蟾选择将卵产在自己的背上，甚至有些家长把孩子"含在嘴里也不怕化了"，将卵存放于自己的"嘴巴"里——实际上在声囊中；还有更夸张的，把娃直接放在胃里，让蝌蚪待在母亲的胃里完成发育过程，变成幼蛙从妈妈胃里吐出来，这可比人类家长"溺爱"多了。

　　来看看这些勇敢、聪明、坚强、慈爱的蛙爸蛙妈是如何照顾孩子的吧！

## 🐸 护卵卫士——汉森侧条树蛙

　　这个蛙的别名有点多，侧条小树蛙、侧条跳树蛙、侧条费树蛙，说的都是它。目前国内将其分为 3 个物种，这里说的是位于海南的汉森侧条树蛙。不管名字怎么变，不变的有两个词。第一个词是树蛙。它具有树蛙的一切特征，如身材苗条，四肢细长，指、趾端均有吸盘，能够吸附在枝叶表面。第二个词是侧条，这是它的鉴别特征。背部两侧各有一条浅色的纵向纹路，从眼角贴着体侧一直延伸到尾部。而有个名字提到的"小"，则体现了它的大小，雌蛙比雄蛙稍大一点，体长差不多 2.5 厘米。它趴在芦苇叶片上，还没有叶子宽，这样才不容易暴露。汉森侧条树蛙身体呈半透明状态，有点像果冻，这跟它们喜欢贴在芭蕉叶、芦苇叶表面长期生活有关，提高皮肤透光率从而降低被捕食的风险。

　　汉森侧条树蛙分布在我国海南以及东南亚地区，喜欢生活于海拔 1300 米左

汉森侧条树蛙（一）（朱弼成　摄）

汉森侧条树蛙（二）（徐廷程　摄）

正在护卵的雌性汉森侧条树蛙（朱弼成　摄）

右水塘附近的树叶上，鸣声尖而高，音节短促。当 7 月繁殖季时，它们喜欢在芦苇和芭蕉的叶片上产卵，卵粒大小跟芝麻粒大小差不多。外观微带绿色，在叶片上不会显得特别突兀。

跟很多产完卵就"转身离开"，让蛙卵自行孵化的妈妈不同，汉森侧条树蛙妈妈产卵后，寸步不离，紧紧地抱着它们，不分昼夜，对蛙卵的照顾简直无微不至。她直接化身"护卵卫士"，时刻坚守在自己的孩子身边，保护它们，避免它们受到骄阳的炙烤和捕食者的偷袭。烈日当空的白天，雌蛙会趴在蛙卵上为它们遮挡阳光，雌蛙每间隔一段时间就会跳进水里，浑身湿漉漉地爬起来抱在蛙卵上，用身上的水滋润蛙卵，给孩子们"降暑"；晚上，雌蛙会趴在蛙卵上给孩子们送去温暖。如果有不知趣的虫子前来打蛙卵的主意，雌蛙会毫不留情地予以痛击，用自己的后腿蹬击、驱赶捕食者。

汉森侧条树蛙可谓蛙中慈母的典范！

## 🐸 大胡子爸爸会带娃——峨眉髭蟾

绝大多数雄性两栖动物在成功交配后便溜之大吉，对蛙卵不闻不问，护卵和孵卵的任务通常由雌性完成。然而，我们却在峨眉髭蟾身上看到了无微不至的"父爱"。雌蟾在产卵前才进入产卵场与雄蟾配对，交配成功后，雌蟾在雄蟾提前选择好的大石块底部产卵，圆环状卵块贴附在大石块表面。雌蟾一次产约 300 粒卵，产卵结束后便上岸了。

尽管亲代抚育行为会增加亲代被捕食的风险和能量消耗，但对于后代的生存而言非常重要。相比散养的方式，这样能够明显提高后代的存活率。在两栖动物中，亲代抚育物种的比例占 6% 左右。相比其他蛙类，峨眉髭蟾因其自身生活史的因素和生态环境的复杂性，亲代抚育行为显得尤为重要。

前面我们提到峨眉髭蟾为了给未来的娃争夺一个好"房子"而进行凶悍打斗，现在面对自己的蛙卵，又化身为无微不至的"超级奶爸"保护孩子，驱走觊觎卵群的威胁者；看来它除戴美瞳又长胡子比较"精分"之外，这一凶一慈的转变，

雄性峨眉髭蟾的护卵行为（王聿凡　摄）

也很"精分"。此时角质刺又成为慈父护娃的利器，防止捕食者对卵群造成威胁。在孵化期的30～60天内，雄蟾一直待在自己筑的巢穴里，尽心尽责地照看蛙卵。而蛙卵在巢穴中安静地完成孵化，直到蜕变成蝌蚪。

父爱的温暖，被驱离的捕食者知道，那块贴满蛙卵的大石头知道，破卵而出的小蝌蚪知道……

## 🐸 功夫奶爸——玻璃蛙

跟父爱浓浓的峨眉髭蟾一样，网纹玻璃蛙也是一位父爱满满的"功夫奶爸"。

网纹玻璃蛙个体很小，成年后也才2～3厘米长。作为玻璃蛙家族的一员，它们很"玻璃"，无论远观还是近看，看起来都像一件无与伦比的精致玻璃器物，有点翡翠质感。头较宽，嘴巴很圆，眼睛向前突出，手指和脚趾末端有很大的吸盘。背部呈绿色，带有黄色的大斑点和黑色的小点，呈网纹状。若将玻璃蛙腹部朝上，可以看到体内大部分的器官，能清楚见到跳动的心脏，甚至透过皮肤能看到肌肉和血管（玻璃蛙的名字由此而来）。它们还有金黄色的虹膜，这是一只颜值与才华俱佳的蛙。

网纹玻璃蛙分布在中美洲和南美洲，北起哥斯达黎加，南达哥伦比亚和厄瓜多尔。

通常雄性玻璃蛙靠划定地盘（一片叶子、一块岩石或一段小溪），发出"叽－叽－叽"的鸣声，来追求雌蛙。成功抱对后，雌蛙会在溪流上方高达 6 米的树叶表面产卵。这比把卵产在水中要安全得多，因为卵不会被鱼或别的捕食者吃掉。蛙妈和蛙爸会分工协定，蛙妈负责选择地方产卵，蛙爸则负责护卵。于是，我们就在玻璃蛙身上看到了这份沉甸甸的"父爱"。雌蛙在树叶上产卵后便不见了踪影，蛙爸爸则全天候守护在旁边，十分耐心地保护着蛙卵一天天发育。在卵孵化的日子里，玻璃蛙爸爸不仅要确保这些卵不会因为缺水而变干，同时还要保护自己的卵，让其免受寄生虫和捕食者的侵犯。

第一个生存问题是保湿。蛙爸爸用自己湿润的皮肤为卵保湿，为了避免卵脱水还会定期在卵上涂一层黏液作为保护膜，避免真菌或寄生虫感染。

正在保护蛙卵的雄性网纹玻璃蛙（朱弼成　供）

第二个生存问题是捕食者。天亮后蛙爸爸就要替卵抵挡最可怕的敌人——成群的大黄蜂。大黄蜂凶猛异常，几乎跟玻璃蛙一样大。它们成群结队，巨大的下颚可以轻松钳住并拖出卵囊内正在发育的蝌蚪。但是大黄蜂要是以为可以轻易吃掉玻璃蛙的孩子，那就大错特错了。网纹玻璃蛙名字中的"网纹"就是指背部的网状纹路。这个纹路可不简单，不管是颜色还是线条看起来很像一团蛙卵，这足以吸引大黄蜂的注意，好像在说："小子，你别打我孩子的主意，我也好吃，来吃我呀！"俗话说得好，最高明的猎手往往以猎物的姿态出现！为了抵御捕食者，蛙爸爸不仅用上了迷惑手段，还要使用"功夫"手段。当诱使大黄蜂靠得足够近后，玻璃蛙像一个拳击手一样挥舞四肢，痛击大黄蜂，修长的后肢伸直时长度甚至能超过体长。它的四肢十分灵活，后腿既可以向后攻击，也可以向前打直，踢飞来犯者。蛙爸爸是勇敢的"忍者"，也是灵活的"飞毛腿"，它无数次不知疲倦地用后腿反击前来偷卵的强盗，保护卵宝宝。

尽管蛙爸爸拼尽全力，但只有眼镜片大的它，能力毕竟有限，无法保护所有的蛙卵。它们通常会优先保护刚出生的蛙卵，因为稍大一些的蝌蚪在感受到威胁时，会在短时间内加速发育，主动从卵胶质中挣脱，像高台跳水一样，跳入树叶下方的水池中，摆脱捕食者的追击。

雄性玻璃蛙的这种护卵行为即使在高等哺乳类动物中也实属难得，跟前面的峨眉髭蟾一样，它们体现出来的"父爱"也改变了我们认为两栖动物中雄性不护卵、不育儿的传统观点。

也许是因为它的玻璃心，哦不，是玻璃皮肤，玻璃蛙对环境变化异常敏感，其种群数量的增减能反映环境状况的优劣。因此被科学家们将其视为环境变化的指示物种，提供有关环境退化和气候变化影响的早期警示。

然而，采伐和农田开垦等人类活动破坏了它们的栖息地；一些非法的宠物贸易，使许多玻璃蛙成员已经被列入世界自然保护联盟的濒危物种红色名录。如果不加以保护，那么在不久的将来，这种可爱的蛙中"忍者"也许就会从大自然中永远消失。

## 🐸 魔鬼中的天使——黄金箭毒蛙

黄金箭毒蛙是箭毒蛙科家族一种中等体型的青蛙，和人类两根手指差不多宽。顾名思义，"黄金"箭毒蛙的颜色是鲜艳的嫩黄色、金黄色，也有些浅灰绿色或冷白色。眼睛为黑色。雄性有一个咽下内声囊。

黄金箭毒蛙分布于哥伦比亚太平洋海岸附近。成体生活在雨林里；幼体生活在凤梨科植物的叶心或树洞内的小水洼。箭毒蛙，因为它的剧毒而闻名世界。你是不是没法想象，这个毒蛙，虽然对别人以毒相待，却是蛙蛙世界里的模范夫妻。在繁殖季，一只雄蛙只会选择与一只雌蛙相爱，孕育后代。

在黄金箭毒蛙艳丽的外形下，隐藏着剧毒的内核；在剧毒的手段下，掩饰着一颗甘愿为了孩子付出所有的本心。抛开外表，它们其实是尽心尽职、普通而又伟大的蛙爸蛙妈。没曾想，它们还能因为父爱母爱而闻名世界，这反转效果，就好比你出门看见一位光头花臂的社会大叔满脸宠溺地照顾小宝宝的即视感。

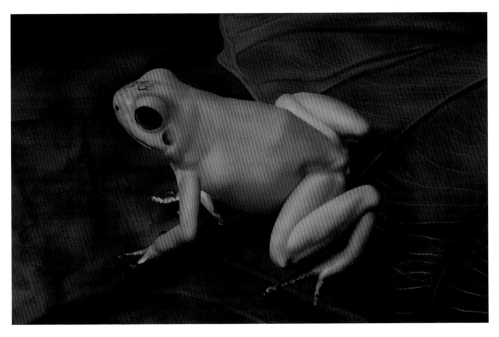

黄金箭毒蛙（朱弼成 供）

箭毒蛙宝宝非常幸福，它们由爸妈一起共同抚育。这放在整个动物世界，都十分罕见。和其他箭毒蛙一样，雄性黄金箭毒蛙会护卵。雌蛙一窝只产不到20枚卵。小蝌蚪出生后会进行一场亲子远足，它们吸附在父母背上，来到父母精挑细选的"空中花园"——凤梨科植物顶端中心的小水洼里。据观察，雄蛙可同时携带9只蝌蚪。由于箭毒蛙的蝌蚪是肉食性的，两个蝌蚪在一起会自相残杀，因此箭毒蛙夫妇要将这些淘气的蝌蚪分批背到不同的育儿场去。有些凤梨积水窝里有蚊虫等食物，有些运气就没有这么好，总不能让还不具备捕食技能的小蝌蚪饿死吧？无私的蛙妈妈想出了一个好办法，它们将未受精的卵产在小水洼中喂食蝌蚪，富含蛋白质的食物保证了宝宝健康成长。蛙爸爸还会定期去每个育儿场悉心照顾，万一哪个窝里没水了，它们还得背着宝宝转移到有水的地方。

一些箭毒蛙凭化学线索，就能知道水中有没有其他蝌蚪，以及蝌蚪的食性。箭毒蛙会尽可能将卵产在没有其他蝌蚪的水塘，避免自己的蛙卵被吃掉。

在带娃技能满级的箭毒蛙爸爸和妈妈的双重呵护照料下，小蝌蚪们茁壮成

钻蓝箭毒蛙（杨题蔓 康瀚文 绘）

长。这种有父母双方都积极参与、共同付出的育儿模式，让丧偶式育儿的人类都自叹不如！

蝌蚪在孵化时平均长度仅仅只有 1 厘米，跟一粒瓜子差不多长。随着长大成熟，身体变成了均匀、鲜艳的金黄色。黄金箭毒蛙需要一年多的时间才能达到性成熟。寿命相对较长，大约能活到 5 岁。

然而你可能无法想象，作为世界上最毒的青蛙，黄金箭毒蛙目前已经成了濒危物种，赫然登上了世界自然保护联盟濒危物种红色名单。黄金箭毒蛙喜欢生活在原始森林里，对因人类活动（如森林砍伐、放牧、喷洒农药等）造成的环境变化十分敏感。分布范围原本就非常狭小，而随着栖息地的不断缩小和恶化，黄金箭毒蛙的种群数量急剧下降。因为箭毒蛙的剧毒和鲜艳的外表，让一些猎奇的宠物爱好者对其颇为倾心，非法走私箭毒蛙事件频发。种种原因让它们的生存越来越多地受到来自人类活动的威胁。

或许在它们看来，真正的魔鬼应该是人类吧！

产婆蟾（史静耸 供，Andreas Noellert 摄）

## 🐸 把蛙儿子背在背上孵化的青蛙——负子蟾

负子蟾，又称苏里南蟾蜍，是体型比较大的青蛙，平均体长12～14厘米，跟手机的长度差不多。体色大多比较朴素，极少数个体身上有斑纹。暗色的皮肤、扁平略方的身体及整体的形状，由于它们经常一动不动，看起来就像沉入水底的枯叶，这种保护色和拟态可以让它们遁地无形，也可以耐心地等待着路过此处放松警惕的猎物。跟蟾蜍家族其他成员一样，负子蟾全身有很多刺状疣粒，看起来疙疙瘩瘩的。前肢纤细短小，后肢长且肌肉发达，趾间有发达的蹼，是一个游泳健将。大大的、三角形的头，带圆圆瞳孔的黑色小眼睛、楔形的鼻子和末端延伸成细管状的鼻孔，这些特征让负子蟾很容易鉴别，看上去很像一个奇形怪状的外星生物，有没有一丝丝让你联想到了国潮风筝、比目鱼或是卡通煎饼？

负子蟾分布于南美洲北部的热带森林中。负子蟾属所有7个物种都完全水生，也就是从出生开始就一直待在水里。它们生活在流速缓慢、底部布满淤泥的

负子蟾（朱弼成　供）

河流中。没有眼睑的眼睛位于头顶，在大大的、三角形的头部小得就像两个可有可无的装饰珠子似的。当视觉发生了很大的退化时，为了适应水下环境，触觉反而变得异常发达。指尖上长有星状的感觉器官，因此也被形象地称为"星指青蛙"，星状器官和末端特化的鼻孔帮助它们变身淤泥里的小雷达，可以准确地搜寻河底看不见的食物。因为舌头退化，所以负子蟾不能像其他蛙类一样利用舌头来捕捉猎物，只能向着猎物猛冲过去，吸住并含住食物。食物以软体动物为主。

这种长相奇特的蛙类有着非常独特的繁殖方式。每到繁殖期，大概是 4 月份，雌蟾会散发出一种特殊气味来吸引雄蟾。然后，雄蟾从身后把雌蟾紧紧抱住，如果雌蟾同意，抱对成功的它们就开始在水中共舞。双方共同重复一连串旋转、翻滚动作，仿佛水下双人芭蕾，这优美的舞蹈可持续 12 小时。

在翻转过程中，雌蟾排卵，雄蟾就会使卵受精。紧接着，夹在雄蟾腹面和雌蟾背部之间缝隙中的受精卵在雄蟾的助力下紧紧贴住雌蟾后背。繁殖期，雌蟾背部变得厚实且柔软，像海绵一样。在之后的几天时间内，雌蟾后背的皮肤就会围绕着这些受精卵生长，受精卵慢慢被挤压、包裹进雌蟾背部的皮肤中。雌蟾整个扁平的后背，就在孕育后代的过程中，变成了蜂巢格子间，每个单间里面住着一个娃。负子蟾的"负子"，就是得名于此。

在整个孕育期间，雌蟾都谨慎地蛰居着，很少露面。它们挺立起后背，支撑保护着自己的卵。在雌蟾背部的皮囊中，受精卵孵化成蝌蚪，随后变态发育为幼蟾，整个发育过程都是在妈妈背部的皮囊中完成的。3 ~ 4 个月后，幼蟾逐渐发育成熟，长度为 2 厘米左右，便按捺不住要从妈妈背部的皮囊中"破茧而出"了——密集恐惧症检验"名场面"。幼蟾急吼吼地在妈妈的后背格子间里不耐烦地扭动，施展拳脚，准备好起跳姿势后，站在母亲背上的它，"嗖"地从后背弹出，开启了自己不受拘束的水生生活。扑通，扑通，60 ~ 100 只幼蟾涌动、跳跃、奔向新生的震撼场景蔚为壮观。当最后一个娃离开后，负子蟾妈妈又逐渐褪去蜂窝状皮肤组织。

毫不夸张，作者是抖掉了全身的鸡皮疙瘩，呕了无数次才把负子蟾这一节写完的。友情提醒，密集恐惧症患者千万不要好奇去搜索负子蟾哺育后代的高清视频或者照片哦！

## 🐸 在嘴里抚育后代的青蛙——达尔文蟾

达尔文蟾是尖吻蟾科的一种小青蛙，身长 2 ~ 3 厘米。吻端有一个长的、肉质的鼻突，眼眶突出，顶端有翘起的小尖角，使头部呈现为一个有折叠效果的三角形，侧面看起来就像一片翘起来的树叶，褐色、尖而长的吻端像是树叶的叶柄，绿色的三角形头部和背部身体则是叶面。背面颜色多变，呈棕色、鲜绿色或两种颜色混搭。鼓膜不明显。

达尔文蟾分布在南美洲。成体生活在温带森林中凉爽、潮湿的溪流边；幼体生活在一个秘密地方，下面会给大家隆重揭晓。

较冷的季节，达尔文蟾会躲在树木或苔藓下。一般在 11 月至第二年 3 月，到了繁殖季节，达尔文蟾会在石头、枯木等藏身之处附近出现。与大多数喜欢白天蛰伏、晚上出来活动的蛙类不同，达尔文蟾以昼行性为主，喜欢在林间晒太阳取暖。

雄蟾主要在白天活动，但在整个繁殖季节，夜间和白天都会鸣叫。雄蟾发出"biu-biu-biu"像鸟一样的叫声，以此来吸引雌蟾。随后将雌蟾带到一个隐蔽地方，开始繁殖。

雌蟾在潮湿地面的落叶中产下 20 ~ 40 枚卵后，雄蟾让卵受精。如果跟其他蛙一样，受精卵自行孵化，这个篇章到此就结束了，但达尔文蟾爸爸可不答应。自此，奶爸登场接管一切。刚开始，雄蟾伏在卵上，守卫 2 ~ 3 周，受精卵在枯叶堆中发育一段时间，大概受精后 19 ~ 25 天，卵中的胚胎开始有动静了。

在自然界中，除了人类会给幼崽准备性能优良的婴儿房，其他动物也天生自带高级育儿房，如袋鼠、袋獾等有袋类动物，达尔文蟾爸爸也来凑热闹，它们翻找着自己身体中能够利用的囊啊袋啊，试图将自己身体的特殊构造发挥一物多用

达尔文蟾（朱弼成 供）

的功能，费尽心思一定要打造一间蛙蛙王国独一无二的"婴儿房"。

这时，马上要变成蝌蚪的胚胎突然消失在了枯叶堆中。慢镜头回放我们再来看一遍它们消失去哪儿了：只见蟾爸爸用舌头把胚胎卷入口腔并吞了下去，保存在雄蟾特有的口袋——声囊中。它的声囊又大又深，富有弹性，十分润滑，捕食者是无论如何也发现不了这个秘密基地的，这大概是蛙蛙王国安全性能最高、情感指数最浓的育儿基地了吧！在离开父母被社会毒打之前，小蝌蚪们沉浸式地体会到了爸爸带着体温的、安全感满满的、舒适感爆棚的父爱。

在发育的 50 ~ 70 天内，在蟾爸爸的声囊里，卵孵化成蝌蚪，再变态为幼蟾，发育所需的营养均来自卵黄和声囊内的黏性分泌物。此时，充当育儿袋的声囊就无法再发出求偶时响亮的鸣叫了。不仅不能出声，声囊也会跟着小家伙们的"推搡"而有规律地蠕动，你能想象一个膨胀的气球里拥挤地塞满 20 只蝌蚪或者幼蟾不停扭动的场面吗？蟾爸爸最终也受不了了，是时候解放自己，让孩子们去见见外面的世界了。于是，雄蟾摆出了爸爸"生"孩子的专业姿势，满脸挣扎着，张大嘴巴——幼蟾就从声囊里爬出来，去新环境中蹦跶撒欢了。看到这儿，不得不感慨，达尔文蟾"剑走偏锋"，进化出了这样一种独特的雄性亲代抚育形式。

科学家还不忘来补个刀，雄性达尔文蟾辛辛苦苦耗费 2～3 个月，也许抚育的孩子并不一定是它亲生的。因为在繁殖期，许多雌蟾会聚集在枯叶堆里一起产卵，而雄蟾会吞下离它距离最近的卵悉心照顾。达尔文蟾可算得上青蛙界的超级奶爸了！真正地"溺爱"孩子到了极限，捧在手里怕摔了，含在口里怕化了。

可是，如此奇特的生灵正面临着严峻的生存问题。因为森林砍伐和人工种植外来植物导致栖息地的丧失，加上蛙壶菌感染和紫外线辐射增加的威胁，近年来，达尔文蟾种群数量锐减，目前已极度濒危。科学家们正在努力补救，尝试开展饲养条件下人工繁育工作来拯救这种濒临灭绝的小生灵。

达尔文蟾育儿时虽然不能发声，但是能够继续进食，比下一故事里将要讲到的不吃不喝的胃育蛙妈妈的待遇好得多。

## 🐸 在胃里抚育后代的青蛙——胃育蛙

胃育蛙的学名叫南部胃孵蟾，是一种中等大小的青蛙，体长为 3～6 厘米，差不多跟电脑键盘回车键"Enter"那么大。胃育蛙是澳大利亚的特有种，外观与澳洲其他蛙类很不同。鼻子圆而钝，鼻孔朝上，比较有特点的是眼睛，称呼它们为"三星堆面具蛙"也不是不可以。眼睛朝上，大大地鼓起且向外突出，像戴了凸透镜一样，能远远地看到水面上的情况。黄绿色的身体修长，指间无蹼，趾间全蹼，善于游泳。鼓膜不明显。胃育蛙在水中及陆地上觅食，主要吃昆虫。

胃育蛙曾经分布在澳大利亚昆士兰州东南部的布列克尔和克伦多山脉，分布地总面积不到 2000 平方千米。成体生活在海拔 350～1400 米的森林溪流中，大部分时间都生活在水里；幼体则生活在雌蛙的胃里。对的，你没看错，是在胃里，后面慢慢给大家讲述这个曾经惊动了森林警局，被左邻右舍投诉吃自己娃娃的"虎妈"故事。

### 在胃里抚育后代！

雌性罗非鱼和丽鱼会把受精鱼卵含在嘴里孵化，这种特别的习性想必大家早已有所耳闻吧。然而，你听过在自己胃里育儿的动物吗？它们就是史上最神奇的蛙类——胃育蛙。特殊之处在于雌蛙在胃里孵化蛙卵及哺育幼蛙。

当雄蛙完成受精后，雌蛙便将蛙卵吞下（友情提醒：喝奶茶的请暂停吞咽动作）。雌蛙一次可产大约 40 枚卵，但最终只有一半左右能孵化成功。受精卵及蝌蚪在雌蛙胃内发育，直到小幼蛙从蛙妈妈嘴里钻出来，整个孵化过程持续6～7周——胃，你还好吗？

用我们的大拇指想想都能知道，胃并不是一个适合作为育儿所的地方，给娃

在胃里抚育后代的胃育蛙（朱弼成　供）

娃选择这样一个"水深火热"的成长场所，这个妈妈绝对有难（过）言（人）之隐（处）。它们在进化的道路上独辟蹊径，利用这个意想不到的天然"口袋"作为容器，来盛放孩子。既来之，则安之，既然这里太酸了，不适合，那孩子们自己"动手"把母体制造胃酸的阀门关掉不就行了吗？卵、蝌蚪和幼蛙纷纷行动起来，受精卵外面包裹的黏液和蝌蚪的鳃都会分泌出一种叫作"前列腺素 E2"的物质，提醒妈妈"你的宝宝已上线，请注意"，使雌蛙停止分泌胃酸，这样宝宝就不会被妈妈肚子里的胃酸"融化"了。那么，好奇宝宝的问题又来了，没有胃酸的蛙妈妈怎么消化食物呢？她有一个"绝"招可以避免这个问题——绝食，雌蛙在整个孵化期间不会进食。一切为了胃里的孩子，为了胃里孩子的一切。

刚出生的胃育蛙蝌蚪体内缺乏色素，长大后它们逐渐"调制"出接近成蛙的颜色。从受精卵到蝌蚪再到幼蛙，这一过程至少需要 6 周，期间雌蛙胃部不断膨胀，肺部不断缩小，胀大的胃不断压迫肺的空间。"连呼吸都痛"，说的就是在此期间雌蛙的真实感受。好在它还能利用皮肤呼吸，这时呼吸主要是靠皮肤上的气体交换进行，不然，真的要窒息而亡了。

当时机成熟后，雌蛙会将所有幼蛙吐出。大部分情况下，隔几天"发射"一次，一次"发射"一只宝宝；有时候可能没控制好，会一次性把蛙宝宝一股脑儿都吐出来。幼蛙被吐出时在形态上跟蛙妈妈十分相似。这就是胃育蛙名字的由来，在胃里孵化出来的蛙。只有当幼蛙全部出来后，蛙妈妈的消化道才会恢复正常。

这真的是一只伟大的蛙妈妈，可是，因为各种各样的原因，它已经灭绝了。我们再也无法在自然界见到这个神奇的动物了。

# 第 4 章

青蛙如何保护自己?

野蜂采蜜花房里，官蛙瞠目莎池底

四川峨眉山（缪靖翎 摄）

## 青蛙的武功秘籍

俗话说："常在江湖飘，哪能不挨刀！"大自然到处都是可怕的陷阱，不管你是微小的虫子、美丽的蝴蝶，抑或是神秘的蜥蜴、恐怖的蜘蛛，稍不留神，随时都有可能成为别人的开胃小菜。

从卵到蝌蚪，再从幼蛙到成蛙，这是一个漫长而坎坷的历程，因为每一个阶段，在捕食者看来，它们都是移动的美味。软糯糯的卵，毫无抵抗力可言，这不是流动的蛋白质吗？卵好不容易逃脱被吞食的命运，侥幸存活下来发育为蝌蚪，又面临着小鱼小虾或者其他动物的侵扰；经历了重重困难和考验后，小蝌蚪终于蜕变成了青蛙。这时，它们已经掌握了跳跃、攀爬、游泳等技能。虽然对抗外界和天敌的技能稍有提升，但仍然不敢有一丝松懈。

青蛙没有爬行动物坚硬的鳞片和防护盾，没有猫科动物锋利的爪子和加速度，没有犬科动物惊人的牙齿和咬合力，没有国宝大熊猫萌萌的脸庞和亲和

细刺水蛙背部的深色疣粒很像沙粒（王聿凡　摄）

北仑姬蛙背部的斑纹（丁国骅 供）

力……要想在危机四伏的丛林里存活下来，一方面需要特制的"武器装备"，同时还要有足够的勇气和智慧，以应对随处存在的危险。

各种青蛙是怎样"八仙过海，各显神通"的呢？最简单的办法是"大隐隐于市"，低调地让自己躲进环境底色中，大家都看不到，就是最安全的，这是保护色在起作用。或者把自己模拟成其他凶狠动物的样子，上演一出蛙版"狐假虎威"，也能劝离一些食客。如果一些蛙身上揣着"投毒装备"，那么它会大胆地穿上亮丽的衣服，广而告之，警告周围的过客，"最好不要打本蛙主意，不然给你点颜色看看"，逼急了就投个毒，这是警戒色和用毒高手的威风。还有些二愣子，遇到紧急情况不知所措时，穷途末路干脆当个鸵鸟，先装个死，等风头过去了再以迅雷不及掩耳的速度逃走……保护色、警戒色，甚至装死、用毒，都是青蛙关键时刻的保命符。

**保护色**是动物界中最常见的防身策略，也是最重要的生存秘籍。虽说狭路相逢勇者胜，但若能不动分毫，全身而退，也不失为上上策。

细刺水蛙和北仑姬蛙的背部颜色不仅与栖息环境极为相似，花纹和疣粒使它们与周围环境更加"协调"——细刺水蛙背部的深色疣粒很像沙粒形状，北仑姬蛙背部的斑纹也有同样的效果。

## 会隐身术的青蛙——网纹玻璃蛙

人类不希望被其他人当作小透明，而自然界中的生物却渴望获得透明属性实现高级伪装与隐蔽。自然界中的"小透明"生物如水母、银鱼、盲虾等大多来自阳光无法直射的水生生态系统，如海底、湖底或洞穴。而在陆地上，由于光的反射、折射、散射以及光的吸收等因素（物理科代表请站出来），陆生生物会因红细胞吸收蓝绿光而显色，并且在发挥全身循环功能以及血氧运输功能过程中，全身都会显色，因此很难让身体变透明。

玻璃蛙皮肤大多是荧光绿或淡绿色的，腹部和四肢是透明的，能清晰看到内脏（上一个提到身体透明的家伙叫汉森侧条树蛙）。它是典型的夜猫子，晚上寻找食物或者寻找配偶时，为了融入伸手不见五指的黑夜，身体呈灰黑色，并不透明。而当它们在明晃晃的白天躲进叶片背面睡大觉时，身体绝大部分会变成透明的，在阳光照射下就像晶莹剔透的露珠，可以巧妙地躲过捕食者的威胁。有人形容它是最敞开心扉（可以看见心脏）的动物，有人形容它是绿色的果冻糖。透明的身体特性，能够使它们在危机四伏的雨林环境中，尽可能多地伪装和隐藏自身轮廓。根据光线不同随意调节身体颜色，使身体融入环境中，不被敌人发现。

玻璃蛙的身体是如何保持透明的呢？这个问题，科学家通过多年的研究，终于解出了谜题。一群科学家用高精度相机和超高分辨率定位光声显微镜对着这些透明的小东西，一顿狂拍，睡觉的时候、醒着的时候、求偶鸣叫的时候、运动的时候、被麻药麻翻的时候……了解它们各种状态下身体透明程度的变化规律。

就像葫芦娃的六娃一样，玻璃蛙隐身大有诀窍。科学家发现，白天它会自动将身体调整到日间模式。既然血液中的红细胞会暴露身体的存在，那就使出一招"乾坤大挪移"，将大部分的红细胞转移至肝脏，透明度增加 2 ~ 3 倍，皮肤、四肢、肌肉的透明度提高至"玻璃"状态。小小的肝脏就像储血袋一样，可以储存全身近 90% 的红细胞，这一效率是其他蛙类的 7 倍多。到了晚上马上切换成夜间模式，肝脏又会积极响应，从储血袋里释放血红蛋白，让血红蛋白携带着氧气循环到全身，使身体机能运行起来。

肝脏集中那么多红细胞不会暴露吗？原来肝脏外表有层膜，能够像镜子一样反射光线，因此能最大限度地降低可视度。透明的肚子不仅保护自己，也让科学家们看清楚了肚子里血液循环过程中红细胞的分布差异。别人 12 小时不吃不喝，它可以 12 小时不输氧，真的是为了隐身大气儿都不带喘的。

这种隐身术，一般人我还真不告诉他。就算告诉他，也没法学。科学界和医学界的专家，正在努力研究玻璃蛙这种透明身体的适应机制，希望在不久的将来，能够在血栓病、缺氧症等的治疗方法上向这位隐身大师取经。

**拟态**是生物自我保护的另一种重要秘籍，效果比保护色还好。这些隐秘在山林间伪装成地衣、苔藓、鸟屎的蛙蛙们，有很多秘密身世等待着我们去探寻。

## 🐸 长得像地衣的青蛙——海南湍蛙

海南湍蛙是一种大型的青蛙，体长在 70 ~ 80 毫米，跟一个大橙子差不多大小。皮肤粗糙，有很多疣粒。背面呈橄榄色或黑褐色，有不规则的黑色或深橄榄色花斑，体侧有明显的不规则深浅不一的色斑，腿后有网状黑斑。指、趾端均有发达的吸盘。鼓膜很小。雄蛙无声囊，无婚垫。

海南湍蛙背上不规则的黑色和深橄榄色花斑像极了地衣，加上四肢末端发达的吸盘，当它们静静地趴在光滑的峭壁上，假装自己是人畜无害的地衣，是很难被天敌发现的。

海南湍蛙生活在水流湍急的溪边岩石上或瀑布直泻的岩壁上，受惊扰后会跳入瀑布崖缝中。每年 4—8 月是它们的繁殖季节。繁殖期间，雌蛙将卵团紧密贴附在瀑布岩石缝中。

海南湍蛙仅分布于我国海南，是海南特有物种，受森林砍伐、生境破碎化和人为捕捉的威胁，种群数量一直在减少，目前已经升级为国家二级保护动物。

海南湍蛙（一）（徐廷程　摄）

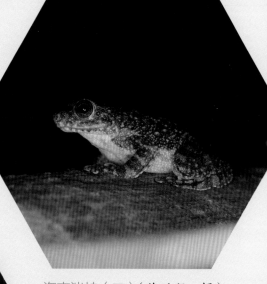

海南湍蛙（二）（徐廷程　摄）

绿点湍蛙（王聿凡　摄）

## 🐸 长得像苔藓的青蛙——北部湾棱皮树蛙

北部湾棱皮树蛙最早是 1960 年由刘承钊先生和胡淑琴先生在广西大瑶山发现的。北部湾棱皮树蛙种群数量非常稀少，分布范围狭窄，信息少到无法进行濒危等级评定，数量少到 50 多年来再也没有人在模式产地发现它们神秘的踪迹，一直到 56 年后才于 2016 年再次被科学家发现。近年来在海南鹦哥岭、尖峰岭自然保护区和广东等地也陆续发现了该物种的踪迹。关于它们的分布范围、有效种群数量、栖息环境、系统发育等都缺少相应的研究数据。

北部湾棱皮树蛙头部及两鼻孔间凹陷非常明显，没有声囊。身体扁平，前肢较长，指端和趾端都长有吸盘，指端吸盘尤其发达。它们喜欢栖息在阴暗潮湿、林木繁茂的山地季节性雨林中。因经常穿梭于林间，所以具有很强的攀爬能力。每年 3—4 月，开始繁殖。蛙卵一般黏附在树洞中离水面较近的地方。温度适宜时，约半个月，蛙卵孵化成蝌蚪后直接掉入下方的水体中。

作为长期隐秘在潮湿雨林中的"伪装者"，这群神秘的蛙蛙练就了一身"我就在那里你却看不见我"的好本领。遥想 1960 年的那天，它在两栖爬行动物学研究祖师爷刘承钊的眼皮子底下躲在一个鸟食盆里，成功地伪装成一片烂菜叶子，差点就错过了被写进教科书的机会，结果在关键时刻定力不够，被当作烂菜叶子扔出盆后忍不住动了，这才被祖师爷的"火眼金睛"识别出来，于 1962 年被作为新种发表了。

在潮湿雨林里，苔藓与地衣无处不在，那么蛙蛙我就装扮成你吧！长期的适应性演化，让它们获取了模拟苔藓的"黄钻皮肤"，不管是趴在树干上，还是躲进落叶堆里，抑或是趴在石头上，头部、身体和四肢都是丛林绿迷彩服颜色，能实现瞬时隐身。

在这个斑驳的绿意盎然的地方，纯绿色的隐藏显然还不够，还需要阴影处理和点缀效果。北部湾棱皮树蛙全身不仅有军绿色斑纹，还在背部和腿部布满了大大小小、凹凸不平的疣粒，橘黄色或暗红色小颗粒镶嵌其中，腹部遍布不规则的

北部湾棱皮树蛙（王同亮　摄）

奶黄色颗粒和淡棕色细云斑。就连鼓膜也是迷彩色的。四肢有橘红与深浅绿色相间的横纹斑块。瞳孔是黑色的，虹膜是黄绿色与黑色交织的网纹投射状，就像树叶尖挂着的一滴晶莹剔透、反射了绿色影像的小水珠一样。体色和疣粒的完美搭配，让隐藏技能从二维上升到了高阶三维，犹如穿上了立体迷彩服，深浅不一的绿色就好似丝丝蔓蔓的苔藓植物特有的层次感和褶皱感，橘黄色或暗红色小疣粒既像藓类植物的孢蒴，又像是石壁或树干上的真菌或者地衣的色素点状物的颗粒感，伪装技能五颗星。

　　难怪很少人发现它的踪迹，这捉迷藏的技能太强大了；每当被人或其他动物触碰时，它就会陷入假死状态，从而伪装自己，获得逃脱的机会。因为苔藓的英文单词是"moss"，所以人们亲切地称呼它为"莫丝蛙"。

　　模拟成苔藓的样子，让它们不仅能够很好地躲避来自人类和天敌的攻击，还能守株待"虫"，躲在苔藓丛中伏击送上门的倒霉蛋。

## 🐸 长得像鸟屎的青蛙——白斑棱皮树蛙

白斑棱皮树蛙是树蛙科的一种小型青蛙，成体体长 3.3 厘米，只有人类一节手指头那么长。四肢较短，指端有吸盘。背面皮肤较光滑，四肢背面有疣粒。雄蛙有一对咽侧下内声囊，第一指有浅色婚垫。鼓膜清晰。

名字里的"白斑"，指它背面的斑纹。背部有 3 块颇为醒目的白斑，分别在前（嘴巴）、中（背部）、后（肛门）部位，3 块白斑之间有褐黄色的过渡色。中间斑块最大，呈"n"形。腿部和关节处也有看起来脏脏的白斑，呈现出立体效果。当它们休息时，后肢弯曲，紧贴身体，这块白斑就跟屁股上方的白斑吻合成一个整体，但比背部那块斑块颜色更白。看上去脏脏的白斑上略掺杂一些褐色或蓝灰色；四肢褐黄色，有黑色横纹，其间有很细的白线纹。这个语言描述，可能无法让你感受它的质感。只有贴出图片，才能看清它的模样。

因为背部和四肢特殊的纹路，白斑棱皮树蛙看上去很像一坨鸟屎，就连白色的尿酸部分，都能用 3 块不同色系的白斑惟妙惟肖地模仿出来。模仿鸟屎的好处显而易见，即使捕食者（主要是鸟）看到了，也会"嫌弃"地走开，毕竟是自己拉的粑粑，总不会想着去尝一口吧。不知道有没有恶心到自己，但肯定恶心到了敌人。能够一直"恶心"地活下去，也不失为一种生存手段。

白斑棱皮树蛙不太常见，在国内主要分布在广西、云南、海南，一般生活在海拔 850 ~ 1350 米、植被茂密、潮湿程度大的原始森林中，在季节性水潭和树洞积水坑里可能会发现它们的踪迹。它们的繁殖周期很长，除了 11 月至次年 2 月，其他时候基本都能产卵。雄蛙把卵泡产在树洞内壁上，每隔一段时间会通过高抬后腿、扑腾搅拌、打起水花的方式，维持卵泡的湿润。卵泡不断发育生长，体积越来越大，慢慢下垂贴近水面。从卵发育为蝌蚪再蜕变成蛙，需要经历 3 个月的时间。

棱皮树蛙属物种都是神秘的躲猫猫高手，包括前面讲到的北部湾棱皮树蛙，我国还有另外 4 种棱皮树蛙属物种，分别是背崩棱皮树蛙、双色棱皮树蛙、棘棱

白斑棱皮树蛙（程坤明　摄）

你能找到双色棱皮树蛙在哪儿吗？

（缪靖翎　摄）

双色棱皮树蛙（缪靖翎　摄）

红吸盘棱皮树蛙（缪靖翎　摄）

背崩棱皮树蛙（缪靖翎　摄）

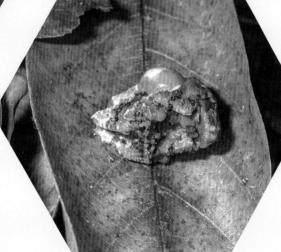

装死的背崩棱皮树蛙看上去更
像一坨鸟屎（缪靖翎　摄）

155

皮树蛙和红吸盘棱皮树蛙。

其中，背崩棱皮树蛙是一种跟白斑棱皮树蛙十分相似的"鸟屎蛙"。头顶、背部和大腿间分布有白色斑块，后背下方棕色部分与其余部分的白色构成了界限分明的深色三角形图案。利用这样的颜色搭配，它能够在棕黄色的环境中隐蔽起来。当它在雨林里遇到危险时，一般选择"不惊慌，不跳跃，先稳住，藏起来，骗过它"的招数。首先，利用融入环境的保护色将自己藏起来。如果保护色还不行，它们会紧急降落，并且蜷缩成一团湿漉漉、黏嗒嗒的鸟屎形态，跟柑橘凤蝶宝宝模拟鸟屎的本事类似，看谁还敢下口，所以当地人也形象地称呼它们"鸟屎蛙"。

## 屁股上长"眼睛"的青蛙

大家可能在课外书上看到过，有些蛾子翅膀上有 2 个甚至有 4 个大大的"眼睛"，这是为了拟态成大眼睛"怪物"，吓跑鸟儿。在某些蛙类身上，也有这样"狐假虎威"的装备，如纳特竖蟾。

海南锯腿树蛙的反捕食策略十分有趣，上演了多段式连续剧！

雄蛙在鸣叫时会抬起后肢，这时在大腿外侧，会露出两块浅色的大斑，像两只巨大的眼睛。从后面看，就像一个巨型怪物，让很多捕食者望而生畏。这样一

海南锯腿树蛙背后的"双眼"（朱弼成　摄）

纳特竖蟾（一）（史静牟 供，Mario Sacramento 摄）

纳特竖蟾（二）（史静牟 供，Mario Sacramento 摄）

来，在鸣叫的同时，它们也守住了"大后方"。

如果这招不管用，海南锯腿树蛙还会"装死"：收拢四肢，蜷缩身体，闭上眼睛，一动不动。"装死"策略主要是利用一些捕食者不吃死物的"挑食"特点。一旦捕食者犹豫片刻，海南锯腿树蛙便会趁机逃跑。

如果不幸被捕食者抓住，海南锯腿树蛙会吸气，使身体瞬间膨胀，恐吓捕食者的同时让捕食者不好吞咽。同时分泌刺激性气体，使捕食者知难而退。

一装二死三充气四排毒，让捕食者"乘心而至，败兴而归"。

**警戒色**是生物自我保护的一种重要秘籍。亮丽、绚烂的颜色对捕食者往往有警示作用，使捕食者避而远之。你在大街上看见大光头、大金链子、大花臂还不得赶紧躲远一点啊？江湖上有一句话叫"越鲜艳的东西越有毒"，虽然不能全信，但在青蛙王国，半信半疑总不会错，蛙蛙们鲜艳的外表同样具有警戒色效果。

海南锯腿树蛙（缪靖翎　摄）

警戒色效果拉满的番茄蛙（李健　绘）

## 🐸 穿着"红肚兜"的青蛙——东方铃蟾

东方铃蟾，是一种中等体型的铃蟾属动物，成体体长 3.8 ～ 4.5 厘米，雌蟾和雄蟾体长较接近。悄悄告诉你，东方铃蟾的眼睛会比爱心哦——它长着独特的心形瞳孔。眼睛向上突出，以便漂浮在水面时能看得更广。虽然这是一只没有鼓膜、没有耳柱骨、没有声囊的蟾蜍，但繁殖期时雄蟾却能发出低沉的鸣叫，仿佛乡下远处传来的狗吠声。雄蟾趾间几乎是全蹼，雌蟾则是半蹼。它的皮肤粗糙，身体多处布满了刺疣，其中体侧的疣粒大而密。东方铃蟾的皮肤腺体具有多种活性成分，其中有一种具有药物作用的多肽，被称为铃蟾素。此外，皮肤分泌物还含有多种有毒成分。

东方铃蟾身体背面一般为灰棕色，有的个体肩部缀有绿色斑块；少数个体背面为绿色，分布着一些不规则的黑斑，四肢背面有黑色横斑。如果你以为它穿得如此朴素，那就太小看它了。它的手指和脚趾呈现橘红或橘黄色。并且，在你第一眼看不到的地方，它巧妙地把自己分为天地两半，接地气的那一半装扮得红红火火——整个腹面是非常醒目的橘红（黄）色，形成镶嵌黑色斑块的撞色系搭配，因此东方铃蟾又被称作"火腹铃蟾""红肚蟾"，也被人们通俗地称为"红肚皮蛤蟆"。很形象，就是穿着红色网状肚兜的蟾蜍。

冬季，东方铃蟾会找庇护处御寒，一般会在土洞、石穴或地窖内冬眠。在4—5月出蛰，因为不善跳跃，它们只能守株待兔，捕食地面上的虫子，包括蚯蚓、田螺、蜘蛛、昆虫及其他小动物。5—8月进入繁殖期，雄蟾为争夺雌蟾而发起猛攻。交配后，雌蟾会在稻田、水塘或水坑等地方分批产卵，当水温在24 ~ 25℃时，受精卵大约3天就能够发育成蝌蚪。成体能存活20年以上，这在蛙蛙王国算得上长寿冠军了。

东方铃蟾的模式产地是山东烟台。其分布于山东、内蒙古以及东北等地，喜欢在山间小溪、梯田、沼泽等地的水塘附近活动。成蟾在水中经常抬着扁扁的脑袋浮在水面，活动不敏捷，也不善于弹跳。但是当遇到危险时，却有一套让人拍手称奇的反捕食策略。它们会假死，做出类似于健身动作"小飞燕"的造型：手掌朝天翻转，弓着背把身体和四肢翘起，反向露出腹部和四肢橘红色斑块，闭上眼睛，一动不动，以示警戒。它的绝招还不止警戒色这一个。背面皮肤在受到刺激时，可分泌一种有毒的白色黏液。橘红色的警戒色和白色的有毒黏液搭配使用，足以让捕食者望而却步。

保护色也好，警戒色也好，一旦大敌当前都不管用的话，东方铃蟾就只能拿出终极秘密武器——**装死**，这个办法对于很多不喜欢吃尸体的捕食者来说很管用。前一节提到，海南锯腿树蛙用屁股上的"眼睛"伪装失败后，就会选择装死；东方铃蟾利用装死技能叠加恐吓技能逃生。不过论装死，斑腿泛树蛙更是技高一筹。如果不幸被捕食者"盯"住，斑腿泛树蛙会马上把身体缩成一团，耷拉着脑袋，双手高举抱头，眼睛紧闭，感觉是在表演"举起手来，放弃抵抗，选择投降"的无声剧。这个看似无辜并让人捧腹大笑的动作具有很强的欺骗性，"你这到底

东方铃蟾（朱弼成　摄）

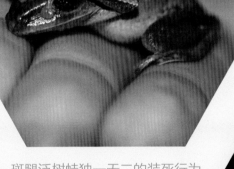

斑腿泛树蛙独一无二的装死行为
（朱弼成　摄）

海南臭蛙挣扎时释放的气味让捕
食者望而却步（王聿凡　摄）

演的哪一出？"捕食者们会陷入怀疑人生的思考。这时，机会来了，斑腿泛树蛙趁捕食者"纳闷"的时候夺路而逃。

达尔文蟾具有与众不同的防御策略，要么"躺平"，要么"摆烂"。遇到危险时如果靠近水域，它们会迅速跳入溪中"躺平"，漂浮在水中，"我瘫了，你放过我吧"。如果侦察一圈发现周围仍然没有合适的逃生处，它们会摆烂"装死"，翻过身来，露出与环境色相近的褐色肚子，继续保持一动不动的姿态。"你眼瞎，看不见我"。然后等稍微安全一点，择机而逃。

当遇到危险时，水雾胎生蟾会从膀胱中喷出尿液击退捕食者。不管敌人是谁，不讲武德，先恶心你，再刺激你，如果这样还无法逃脱的话，就只能采取装死的策略了。

蟾蜍之所以能"横行天下"，一个重要的原因就是它们"有毒"。蟾蜍体表有许多疙瘩，内含毒腺，耳后腺就是其中最大的毒腺。如果遭遇捕食者的攻击，蟾蜍会膨大身子，露出毒腺，分泌白色浆液，射向捕食者的眼睛和口腔。身怀此等绝技，对蟾蜍来说，行走江湖不再是难事。有一些蛙看似憨态可掬，人畜无害，却是深藏不露的用毒高手。它们产生的毒素会刺激皮肤，导致其他动物惊厥、致幻、收缩血管，毒素甚至会直接侵蚀神经。

## 🐸 皮肤会分泌"牛奶"的青蛙——亚马孙牛奶蛙

亚马孙牛奶蛙属于树蛙科一种体型中等偏大的青蛙，体长 7 ~ 10 厘米。亚马孙牛奶蛙有棕色和乳白色相间的斑纹，身体和四肢微微泛着青蓝色。尤其是指端和趾端膨大的吸盘，透着幽幽的蓝绿光泽，就像做了薄荷色的美甲一样。背部有浅色大疣粒。虹膜呈金色，不是完整的圆环形，而是被瞳孔的黑色十字分成了4 段等距离的圆弧形。雄蛙头部两侧分别有一个外声囊。这种蛙适合做"吃播"，只要是能吞下去的活物，它都会吃掉。用嘴咬着、用手往嘴送食物的可爱模样肯定很逗。

牛奶蛙分布在玻利维亚、巴西、哥伦比亚等国家。它们是一类夜行性蛙类。

白天，躲避高温和干燥的空气，在树木高处，将四肢紧贴身体休息；晚上再外出捕食。繁殖期是 11 月至次年 5 月，雄蛙在干燥而晴朗的夜间，蹲在距地面很高的积水树洞里鸣叫，有些树洞甚至高达 30 米。它们利用雨林的低频声窗，使叫声传播到很远的地方。雄蛙的鸣声听起来就像老船夫划船时，船桨在船舷上摩擦拍打的声音。因此，当地人称它们为"船夫蛙"。彼此看对眼的雌蛙与雄蛙在树洞中交配产卵，一窝约产 2500 个卵，形成一个胶状团块，浮在水面附近，或黏附在有积水的树洞内壁。蝌蚪背面是深棕色，肚子颜色很浅。小蝌蚪在树洞里食物比较匮乏，主要以未受精、未孵化的卵和周围的植物为食，直至发育成幼蛙。

刚发育成蛙时，牛奶蛙是标准的纯黑花纹，浅色花纹是纯白加玻璃水的亮蓝色。就像打印机用久了墨迹会变淡一样，能活 15 年甚至更久的牛奶蛙，皮肤会逐渐褪色，就像加了灰色怀旧滤镜一样，黑不再是黑，变成了棕褐色；蓝色褪去，白不再是白，变成了浅灰色。一身独特的棕褐色和白色的迷彩，就像初学绘画的孩童用错了配色的"次品"，在以绿色系为保护色的树蛙科物种中绝对算是另类了。其他树蛙喜欢在枝叶间生活，而牛奶蛙选择落脚在中空的树洞中，所以在不同的栖息环境中演化出了独特的棕色加白色的保护色。之所以被称作"牛奶蛙"，并不因为它们模仿奶牛的花斑，在它们生活的地方，可没有这样卡通的奶牛形象，而是因为它真的跟"牛奶"有关。爬的是树，吃的是虫，挤出的是奶。但是这个奶，不是营养的牛奶，而是"毒奶"！牛奶蛙背上满布看起来快要"爆浆"的白色痘痘，在被触碰或者有威胁时，就会迅速分泌出乳汁状、有

亚马孙牛奶蛙（朱弼成　供）

毒的黏性液体，让捕食者同时受到视觉和化学攻击。

此外，大家熟知的箭毒蛙更是用毒中的佼佼者，有请它们中最毒的大哥黄金箭毒蛙隆重登场。

## 🐸 世界上最毒的青蛙——黄金箭毒蛙

上一章详细地讲过这对父母照顾宝宝的故事，下面重点讲它们背着宝宝放毒的事。箭毒蛙，因为土著人把毒蛙分泌的毒液收集起来涂抹在弓箭上而得名，又因为全身色彩异常绚丽而出名，就差举着海报提醒全世界：我有毒，勿靠近。

世界上毒性最强的动物很难量化，但最致命的动物如果要选出前十位选手的话，毫无疑问原产于哥伦比亚的黄金箭毒蛙必定榜上有名。按照毒性与身形比来说，它的毒性完全可以碾压眼镜王蛇。据资料统计，一只黄金箭毒蛙皮肤内所含有的毒素甚至在 3 分钟内就可以毒死 22000 只小鼠或 10 个成年人。尽管各种

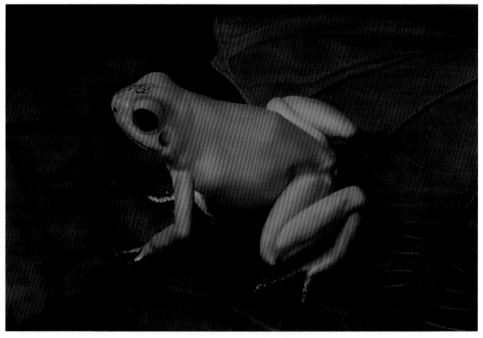

黄金箭毒蛙（朱弼成　供）

资料写着一只蛙能放翻多少人，1 克毒液能放翻多少人，但这是人家蛙哥不要命地吃下有毒的昆虫、蜘蛛，一点一点积累下来的毒液，谁想要一次性用光啊？

黄金箭毒蛙看起来鲜艳可爱的背后，皮肤腺体下隐藏着几百种毒素，被人类初步研究的仅 70 多种，其中包括蟾毒素这种生物碱。蟾毒素如果进入人体消化系统或血液循环系统，首先会引起皮肤酥麻、刺痛，迅速发展为全身肌肉麻痹，随后表现为消化道不适的症状，最终导致呼吸和心力衰竭。即便是不小心溅到皮肤上，也会引起持续数小时灼烧般的刺痛感。

它们这么毒，为什么没有被自己毒死呢？这可以用钥匙和锁芯的关系来解释。毒素生物碱进入动物体内会跟体内的神经细胞钠离子通道结合，阻止神经信号的正常传递，使心肌等肌肉无法放松，于是动物就被下毒了。而箭毒蛙因为体内一种氨基酸的突变，简单来说，就是箭毒蛙身体改变了某个开关，把锁芯换了，生物碱这把"毒"钥匙就不能嵌合到身体里的钠离子通道上，使它们对自身毒素免疫，因此毒性物质无法将自己毒翻。

因为它们有毒，所以有恃无恐，黄金箭毒蛙与箭毒蛙家族的其他成员一样，无论黑夜还是白天都正常活动，即使在白天它们也会在地面上跳来跳去，甚至横行霸道地在开阔地带活动。当受到干扰时，它们通常只会礼貌式地跳开，不会害怕地躲藏起来。仿佛在说："如果你无礼就来试试我的毒性有多厉害，这种体验一辈子就只能尝试一次，让你尝一尝'试试就逝世'的滋味。"

作为世界上最毒的青蛙，黄金箭毒蛙在普天之下几乎没有任何天敌，即使是白天也可以横着走。它们在野外到底有没有天敌呢？除了一种叫作火蝮蛇的蛇类把箭毒蛙列入菜单之外，黄金箭毒蛙几乎没有其他天敌。

## 🐸 物竞天择，适者生存！

蛙类的复杂性状、生活习性、行为特征等都是长期适应环境演化的结果。在演化过程中，蛙类拓展了生存空间。上天入地，不在话下，祖先留给它们的宅基

丽水树蛙（丁国骅　供）

大树蛙（徐廷程　摄）

抱对的钊琴湍蛙（康瀚文　杨题蔓　绘）

四川狭口蛙（朱弼成　摄）

地选址秘籍、身体硬件和配套运动技能，庇护着一代代幼蛙们茁壮成长。

　　不同的蛙蛙，因生活环境的差异，在长期演化过程中，单单以手和足来举例，都发生了很大变化，形成了不同分支。会爬树的蛙、会攀岩的蛙、会飞翔的蛙、会游泳的蛙、会掘土的蛙……"我曾经跨过山和大海，也见过天空和雪海……"

　　树蛙，为了适应攀爬为主的运动方式，在演化早期就发生了相应的性状变化。它们的前肢相对较长，能够使用手部完成一些进食动作。指和趾末端内侧皮肤膨大形成肉质的吸盘，能够大大增强对树枝的吸附力，使其在又湿又滑的树林间自由攀爬。

而水栖蛙类最早开发出了用来游泳的工具——蹼，如虎纹蛙、黑斑侧褶蛙等，它们的蹼普遍较发达，是划水小能手。生活在湍急溪流中的蛙类，如湍蛙，在蹼的基础上，还打造出了一副流线型身材，以减缓流水对身体的冲击力和阻力。它们也有一套跟树蛙同样的吸盘，能够牢牢固定在溪流中的石头上。

下面轮到"入地"小分队上场了。这个类群是陆生穴居蛙类，以狭口蛙为代表，有的选择树洞作为小窝，有的在泥土里进退自如。它们的后肢矫健有力，善于挖掘。在后腿掌的基部，有一个挖地的秘密武器——隆起的内蹠突就像耕地的犁一样可以高效地刨松泥土。它们一边犁地，一边倒退着将自己掩埋起来，退入安全地带。

蛙蛙们小到细胞、组织，大到皮肤、腺体、器官、骨骼等，都在长期的适应中，学会了不同的"奇门异术"，使其成为能够上高山、下盐海的全能型选手。下面来看看各种极致生存的代表，如能够在 50 米高空滑翔的"飞蛙"，随时看海景的"海陆蛙"，傲视于世界屋脊的孤勇者"高山倭蛙"，哪哪儿都有它身影的"癞蛤蟆"，还有世界上最抗冻且不需要穿羽绒服的北美林蛙。

## 🐸 会飞的青蛙——黑蹼树蛙

黑蹼树蛙是一种体型中等偏大的青蛙，雄蛙体长 6.8 厘米，雌蛙体长 8.2 厘米。因为在树上活动，其身体型态也发生了相应的改变。身体细长且扁平，指端有吸盘和肉质垫，趾间是黑色的满蹼，因此而得名（对应还有红蹼树蛙）。前臂后外方有宽厚的肤褶。配备满蹼和肤褶有什么用呢，先卖个关子。身体背部基本是碧绿色，腹部呈奶黄色，配色非常亮丽。雄蛙第一指内侧上方有一个乳白色婚垫，有一个咽下内声囊。

黑蹼树蛙生活在我国云南和广西等地的热带季雨林中，分散在森林树冠层的各个角落。

黑蹼树蛙（缪靖翎 摄）

红蹼树蛙（朱弼成 摄）

黑蹼树蛙在产卵（郭峻峰 摄）

到了每年 5—6 月，雨季的夜晚繁殖期大合唱就开始了，雌蛙和雄蛙从各处聚集到水塘、水坑附近，在水塘上空的阔叶树丛中聚会，跳跃、滑翔、追逐，多的时候有超过 100 只蛙聚会，发出的鸣叫声在 50 米开外都能听到。在雄蛙"哇咕－哇咕"的求偶鸣叫中，雌蛙挑选好合适的伴侣，随后在水塘上方距离水面 1 ~ 10 米的叶片上抱对产卵，卵泡内卷包裹在叶片中。繁殖期过后，雌蛙和雄蛙又回到各自的窝里待着。黑蹼树蛙一年产卵多次。

一只黑蹼树蛙辛辛苦苦爬上树，爬了 20 米、30 米，甚至爬到了 57 米（目前已知的黑蹼树蛙最高栖息高度），借助指尖发达的吸盘攀爬到很高的树冠。结果天敌就在树顶张大嘴巴等着吃掉它，遇到危险赶快起飞！只见它打开身体的滑翔装备，成功变身小飞蛙，在树冠层中滑翔……

这套精良的滑翔装备可是树蛙天生自带的，来自身体大小、蹼的发育和身体多个因素的联合贡献。能够滑翔的树蛙体型都较小，身体纤细。其次，蹼在滑翔中起着至关重要的作用。一些栖息在高树上的树蛙，指间和趾间都有满蹼，再加上身体外侧以及四肢外侧的皮肤褶，在准备"起飞"的时候，蹼和皮肤褶全部张开，使身体变扁变宽，表面积增大，自制的滑翔翼就做好了。独特的空气动力学机制，让"飞蛙"以优美的抛物线轨迹快速安全地降落。这个体操冠军不仅能够平稳着地，还能通过后腿的伸展、交叉、旋转，实现完美的空中翻腾转体。

是不是所有树蛙都有这么发达的蹼呢？那倒未必。根据蹼所占的比例不同，代表性的有黑蹼树蛙和红蹼树蛙的满蹼，白颌大树蛙具有全蹼，峨眉树蛙有半蹼，洪佛树蛙具有 1/3 蹼，而宝兴树蛙基本无蹼。不同的蹼让每种蛙都能在各自的天地里撒欢蹦跶，灵活自如。

科学家发现黑蹼树蛙蝌蚪的体内有一系列基因参与了胚胎发育过程中指间和趾间蹼的形成调控。黑蹼树蛙的行为学研究不仅有趣，还可为仿生学以及医学（如并指症，指头发育过程中的问题）等方面的研究提供一些新的方向。

想不到深藏在雨林间的"小飞侠"，竟然隐藏了这么多科学奥秘等着我们去发现。

滑翔的黑蹼树蛙（蒋珂 供，饶涛 绘）

黑蹼树蛙（缪靖翎 摄）

## 🐸 唯一能在近海咸水地区生活的青蛙——海陆蛙

海陆蛙，是一种体型中等偏大的青蛙，体长 5.5 ~ 8.9 厘米，跟一把普通的门钥匙差不多长。两只眼睛距离很窄，鼓膜大而明显。趾间有全蹼。背面皮肤较粗糙。身体颜色的差异很大，背面多为褐黄色，不同海陆蛙背部颜色深浅不一。

这是一种奇特的蛙，它能够生活在离海水 50 ~ 100 米区域的海湾泥滩上，因此被称为"海蛙"。这是唯一一种能够生活在近海咸水和半咸水地区的蛙。成蛙喜欢栖息在"惊涛拍岸"的海潮覆盖的海岸区，以红树林地区较为常见。白天隐蔽在泥洞里或红树林中；傍晚退潮时，捕食沿海浅滩的蟹类，所以渔民形象地称之为"食蟹蛙"。它们的食谱除小海鲜之外，也不放过昆虫和植物。

为什么海陆蛙敢独闯蛙界禁地呢？它凭什么能在海水中吃饭、睡觉、打洞洞呢？这个秘诀就藏在海陆蛙的肾脏中。它的肾脏能够很大限度地"留住"尿素，血液里长期保持着高浓度的尿素，身体就能维持比周围环境更高的渗透压。哪怕

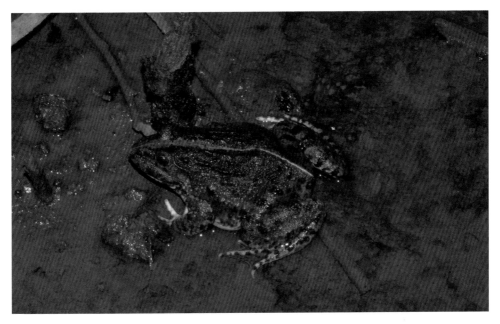

海陆蛙（王同亮 摄）

是待在海水中，也不怕"脱水"变成"蛙干"。不仅无惧体内水分流失，还能反向渗透吸收海水中的水分，避免了为补充水分而直接喝下又苦又咸的海水。成蛙最高能耐受盐度为 28% 的海水。

海陆蛙的鸣声很洪亮也很特别。尽管它们误入红树林深处，但能精确地日落而出，日出而息（刚好和农民伯伯错峰），定好闹钟就开始鸣叫，这要归功于身体随时感知环境温度和相对湿度变化的能力。它是一个夜班型选手，白天太热了吼不动，每天晚上 8—9 点开始外出"卖唱"，一直唱到第二天早上 5—6 点，太阳升起来后就收工回家睡觉。它们还能通过改变鸣声类型和频率来增加鸣声的复杂性，从而提高信息传递效率。

海陆蛙全年繁殖，雨季开始时尤其活跃。雌蛙会在沿海滩涂产卵，一次可产卵超过千粒。蝌蚪孵化出来后就一直生活在雨水稀释的半咸水幽底层，生命力非常强，能够短时间耐受 40℃的水温。

海陆蛙分布于我国台湾、澳门、海南和广西等地。由于栖息地被破坏、水质污染以及非法捕捉等因素，海陆蛙的种群数量越来越少，目前已被列为濒危物种。

## 傲视于世界屋脊的孤勇者——高山倭蛙

高山倭蛙，是青藏高原地区的特有物种。皮肤粗糙，体色差异较大，大多以棕色打底。以昆虫为主要食物。每年 5—8 月是其繁殖季节，大多产卵于水草附近。

它们是一群孤勇者。高山倭蛙主要生活在青藏高原中部的高寒草甸，在青藏高原东部的高山峡谷及喜马拉雅山脉南坡也有分布，分布区域狭窄，在我国西藏、巴基斯坦、尼泊尔和印度均有记录。在西藏它们的体型随经度由东至西逐渐增大，也随着海拔升高而显著减小，这与高海拔适应性有关。它们是生活在西藏海拔 2800 ~ 5000 米区域内少数的蛙类之一。

它们是一群小个子，名字中的"倭"字就能明显概括它的身形。体长只有 3 ~ 5 厘米的小家伙，最小的只有指甲盖大小。为了避免紫外线对皮肤的伤害，它们白天大多宅在窝里，通常隐匿在草丛或泥洞中，傍晚或者阴天才外出活动。遇到危

高山倭蛙（一）（胡君 摄）

险或惊吓后，就会潜入水中躲藏起来。既跑不快，也蹦不远。

　　它们是一群可怜虫，也许是高原低温低氧的原因，它们的鸣囊、鼓膜和耳柱骨都退化了。在高原上，是一个不能"咕呱咕呱"的孤勇者，不能欢乐齐鸣，不能聒噪聊天。当然，也听不见任何来自同类或者异族的呼唤，失语且失聪。生活已经如此艰难了，还成为水鸟和温泉蛇的主要食物之一。即使被吞进肚里，也不能发出怒吼来抗议。

　　它们是一群挑战者。高山倭蛙是目前世界上分布海拔最高的蛙类之一。在本身迁移能力欠缺的情况下，在高海拔缺氧、强紫外线、低气压的恶劣生存环境选择压力下，它们"不以己悲"，藐视所有来自环境的不友好，身体适应了高原的一切，是一种典型的适应高原环境的物种。作为没有羽绒服（无皮毛）、没有盾牌（无鳞片）、没有盔甲（无较厚角质层）护体的"裸奔"一族，在高原生活，必须具备与众不同的生存技能。紫外线照射后，体内多系统协同调控，包括抗氧

高山倭蛙（二）（胡君　摄）

化、免疫调节、细胞凋亡等在内的紫外线防御相关基因全部调向了正向频道，积极应对起来，皮肤受损伤程度降低，氧化自由基加速清除，胶原蛋白加速形成，抵御紫外线伤害，实施修复措施。

它们是一群宝藏家。皮肤表层含有丰富的抗菌肽，其中有几种是从未被发现过的全新抗菌肽，这些抗菌肽具有强大的抗氧化活性和抗菌活性，能够避免或减轻氧化应激反应和病原菌的伤害。尽管没有厚厚的盔甲防护，但薄薄的皮肤努力生产出的宝藏抗菌肽，让它们在严酷恶劣的高海拔环境中得到了最好的庇护。

高山倭蛙是"现代蛙类"基因组被破译的第一蛙。科学家获知了四足动物3.6亿年漫长进化的奥秘，揭示了以蛙类为代表的两栖动物基因组变化、融合以及进化速率较为缓慢等特点的原因。

高山倭蛙经受了冰期更迭的考验，在环境恶劣的青藏高原，以小小的身躯积攒着大大的能量，不声不响、不争不抢地生活着，不浪费一丝一毫力气和能量去对抗身处环境的恶劣，独享生活之味，静观宇宙之变。

## 🐸 虽然我很丑，但我是成功蛙士——中华蟾蜍

中华蟾蜍，这个名字大家可能还不太熟悉，但是对它的俗名，癞蛤蟆，大家就太熟悉了。下至三岁小儿，上至八十岁老者，可谓家喻户晓，无论是通过文学作品见过，还是通过民间谚语听过，抑或是亲眼看过，亲手抓过。尽管单从长相来看，中华蟾蜍在青蛙王国可能是拉低颜值平均数的代表，但是很久以前，它就活在传说中，飞升上天到了月宫和嫦娥相伴，招财纳福和吉祥相伴，在中华传统文化中占据重要席位。

它们体型较大，体长为 6 ~ 13 厘米，一看就是肥嘟嘟、糯叽叽的样子。前肢粗壮，后肢粗短。总之，一个字，粗；两个字，肥大；三个字，跳不动。皮肤松弛而粗糙，长满了大大小小的疣粒，耳后有明显膨大的腺体。背部颜色因环境有所变化，多为棕褐色和土黄色，体侧有两条深棕黑色纹路。

中华蟾蜍分布广泛，在我国 30 多个省市的多种生态环境中均有它们的身影。

成年中华蟾蜍（朱弼成 摄）

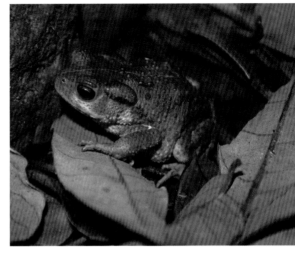

幼年中华蟾蜍（朱弼成 摄）

中华蟾蜍（姚忠祎　摄）

昆虫、软体动物、环节动物都是它们的食物。繁殖力超强，一次能产成千上万枚卵。疙疙瘩瘩的皮肤腺体分泌的蟾蜍毒素威力很大，是它们的立命之本。毒素主要成分是强心甾类化合物和生物碱，可治病，亦可致命。

　　它们不挑地儿，哪儿都能待；它们不挑食儿，啥都能吃。科学家破译了中华蟾蜍的基因组，发现了与适应进化有关的规律。在基因组中，反应嗅觉的化学感受基因家族显著富集。嗅觉对它们的生存来说，具有重要意义。1013 个嗅觉基因，作为信息素受体，串联起了蟾蜍和其他物种之间的通信活动。原来这些看似木讷的小家伙，却是一个布满小天线与接收器的"小灵通"。

　　不仅如此，它们深得"欧阳锋"真传，是蛙界的"绝命毒师"。在进化过程中扩张形成的大量苦味受体基因，犹如身体内自带"验毒银针"，让它们成为优秀的"试毒者"，毒素检测能力突出。在享用各种食物前，会先用自身基因验个毒，避免中毒。

　　不仅能防外毒，还要防得了内毒。中华蟾蜍既能利用毒素进行自身防御，又不会敌我不分，把自己麻翻。它们毒不翻自己的原理和箭毒蛙一样，毒素钥匙开不了自家离子通道的门，因此获取了抗生物碱毒性的秘籍。

看似普通得不能再普通的癞蛤蟆，在长期适应性进化中，获得了多项技能，跃然成为蛙界成功人士。至于颜值什么的，又不能当饭吃，我越丑，你越看不见我，我越能好好活着——看来"长得丑，活得久"才是中华蟾蜍的人生哲学。

## 🐸 世界上最抗冻的青蛙——北美林蛙

这是一只特立独行的蛙。别的蛙恨不得给自己选一个山清水秀、绿意盎然的世外桃源作为祖传宝地。而北美林蛙，却选择了与众不同的地方，它是唯一一种生活在北极圈内的青蛙。

北美林蛙体长 3.5 ~ 8.2 厘米，雄蛙体型小于雌蛙。背面呈棕褐色，外表看上去很普通。

北美林蛙广泛分布在美国和加拿大等北美地区的林间，因此而得名。作为

北美林蛙（朱弼成　供）

一种能在极寒地区阿拉斯加生活的蛙，身体的抗寒能力非常强，冻手冻脚有什么可怕的。在最极端情况下，仍然可以在冰冻状态下存活数周。那么问题来了，北美林蛙没有和北极狐、北极熊、北极兔一样毛茸茸、雪白白的保暖衣，它们甚至是"裸奔"族，是谁给它们勇气待在北极圈呢？不怕变成老北京（极）冰棍（蛤）儿吗？

这只看似普通的蛙进化出了适应寒冷环境的独特方法。这是一只防患于未然的蛙。早在萧瑟的秋天，它们就开始为过冬做准备，蛋白质和脂肪先囤起来再说。等冬天的第一场雪飘落之际，它们感知到了寒冷信号，身体中游离的水分转化为结合水，能量物质转化为肝糖原，储存在肝脏中，而后糖原分解为葡萄糖，蛋白分解为尿素，被运输到身体各处。由大量的葡萄糖、尿素和一些特殊小分子构成的高浓度体液，比普通体液的冰点低得多。这时体液就变成了优质的防冻剂，最大限度地防止低温时体内形成冰晶而损伤细胞，尤其是高浓度的防冻液重点保护着指挥中心（大脑）、动力中心（心脏）和供能中心（肝脏）。相关基因尽可能地调控着身体机能，停止不必要的生理活动，降低不必要的能量消耗，减缓冰晶形成的速度，维持细胞在较长时间内以较低代谢率存活。在阿拉斯加接近零下20℃的温度挑战下，冬眠的北美林蛙身体内2/3的水分都被封印时，体内重要部位的机器仍有条不紊地运行着。

冬去春来，温度回升后，北美林蛙渐渐"复活"。在积雪融化后形成的临时水坑里，它们聚集着，等待着爱情，生命长度就这样延伸了……说不定，某一天，真的需要背着地球去流浪的时候，休眠舱里的人类或许可以用上北美林蛙的防冻技术哦！


在危机四伏、弱肉强食的自然界，青蛙家族想要生生不息、繁衍昌盛，就要保护好"卵——蝌蚪——蛙"中的任何一环。不管是未雨绸缪，还是亲力呵护，不管是使用毒液，还是装死诈降，它们的智慧和勇气都超出了我们的想象。它们虽然很小，但它们并不渺小，生命的咏叹调里应该有属于它们的音符！

# 第 5 章

青蛙的明天在哪里？

兔笑株傍守，蛙怜井底藏

可可西里（徐廷程　摄）

## 岌岌可危的命运

两栖动物因其特殊的生理特征和栖息环境，很容易受到多重威胁。自20世纪80年代开始，全球两栖动物种群衰退现象受到越来越多的关注。据世界自然保护联盟红色名录评估，全球两栖动物受威胁比例高达41%。我国两栖动物受威胁程度更高，大约有一半的特有物种受到威胁。

蛙蛙们在进化过程中，尽管已经学会了抵御外敌的十八般武艺，然而"赤裸裸"的它们在残酷的自然界面前其实是非常脆弱的存在。

威胁蛙蛙的因素很多，包括栖息地破坏、壶菌病的传染蔓延、以杀虫剂为代表的化学污染扩大、全球性气候变化加剧、外来物种入侵、生态系统失衡和人类活动干扰……失去美好家园的它们，流落在破碎的栖息地，又被迫遭受农药、化肥、重金属对身体的摧残，长得好看的被"宠"了，长得胖的、壮的被吃了，苟延残喘剩下的最后还惨遭"蛙壶菌"的灭顶之灾，蛙蛙们的生存真是太不容易了。

### 噪声会影响蛙蛙们的"谈话"！

在嘈杂的环境中，人与人之间的交流如果全靠吼，就很容易出现"马什么梅"的梗。如何在噪声环境中有效地传输和识别信号是人与动物面临的严峻挑战。城市噪声的干扰，会影响鸟类觅食和繁殖。两栖动物在环境和人为噪声的影响下，生活也会受到很大影响。

噪声对蛙类的影响是多方面的。噪声污染不仅会影响动物对信号的接收、识别、处理和反馈，还会影响它们的注意力和警觉性，造成动物对多种感官信号识别的混乱和错位，从而影响正常生长发育、捕食与反捕食、求偶繁殖等行为。

前面章节大家都已经学习到了，蛙类为了传递信号，究竟有多么拼。它们不仅用上了不同的音节，还用上了鸣囊和肢体的视觉信号。开发出了多模信号整合，以提高嘈杂环境中的通信效率。当听觉通道被噪声掩盖时，动物会借助其他感觉通道，如视觉和嗅觉等。然而，大脑在处理某一感觉通道的信号时可能会削弱处理另一感觉通道信号的能力。所以，问题就出现了：噪声有可能干扰视觉信号的识别。

科学家们做了一些设计巧妙的实验，来讨论噪声对海南锯腿树蛙的影响。通过音箱和显示屏给雌蛙呈现单模信号（单一的声音或单一的鸣囊视频）和视听多模信号（声音加鸣囊视频），发现在噪声干扰下视听多模信号的通信效率会显著下降。在没有噪声干扰下，雌蛙能够准确选择更有吸引力的对象，无论这个对象是由声音、外貌信号或是两者兼有的信号发出的；而存在噪声时，雌蛙的这一选择偏好消失，甚至逆转了。在环境噪声下，雌蛙进行配偶选择时更困难，需要更长的时间做出选择。最终，很有可能费尽心思选出来的对象并不是最有眼缘或者最钟情的那一位。看来，即便换个频道或者加个辅助也无法避免噪声的干扰。

如何科学地预测和缓解噪声干扰对野生动物造成的影响，这是一个"现在进行时"和"将来时"的重要工作。

海南锯腿树蛙（朱弼成　摄）

### 化学污染让"裸奔"的蛙蛙无处遁形！

在我国民间有一句谚语"三条腿的蛤蟆不好找"，而现在，六条腿的蛤蟆都能找到。是青蛙变厉害了，都演化出了三头六臂的超人蛙了吗？显然不是，这是因为它们的身体受到了一些化学刺激，形成了形态上可以看见的畸形。

青蛙是一种对环境极其敏感的动物。随着化工行业的发展，化学制品污染已经成为造成青蛙种群大规模减少的主要因素之一。过量的化学农药、肥料通过各种途径进入土壤和水源，一方面污染了水质，对青蛙的生活环境造成了直接影响，如稻田不合理喷施农药、高氮素水体排向水沟等，会对卵和蝌蚪的生长发育产生突变诱导，干扰胚胎关键时期的系统发育和内分泌调控，从而出现多条腿的青蛙。这种青蛙都不要说找对象了，能健康长大都是奢望。有些环境污染物具有神经毒性，还会对成蛙通信行为和求偶行为造成很大的障碍与误导，对繁殖期的蛙群来说，或许会带来"一锅端"的糟糕后果。

化学污染使青蛙在全生长周期都遭受到急性和慢性生理伤害，造成卵的孵化率降低、幼体畸形率升高、成体组织器官受损加剧、非正常死亡率升高、性别分化异常增多、繁殖力降低等严重危害。另一方面化学物质还会对生物链造成潜在的危害，青蛙的食物花鸟鱼虫都被农药杀死了，那它还吃啥呢？当它吃了被污染的食物后，毒素进一步在它体内聚集，形成生物富集效应，再影响生物链的其他成员。

稻田里的青蛙，生长、繁殖、活动都在这里，深受过量农药的危害。其中，以除虫菊酯类、有机氯类杀虫剂对蝌蚪的毒害最大。自从化学农药广泛使用以来，寂静的春天里不仅少了草生虫鸣、月落乌啼的美丽画面，也少了稻花香里听蛙声的生动场景。

### 蛙界的"传染病"——蛙壶菌！

蛙壶菌，相信很多人没有听到过这个名字，但是，它在过去的半个世纪至少与 500 多种两栖动物种群数量减少有关，造成大量两栖动物死亡。壶菌病是有史以来影响生物多样性最严重的动物性病害，是全新世灭绝事件的主角之一，蛙壶菌入选了全球最具危险性的 100 种外来入侵物种之一。对的，你没看错，这个对绝大部分两栖动物具有致死性的蛙壶菌凭借自身的本事入选了前 100。直到 1998 年，科学家才把蛙壶菌这个肇事元凶揪出来——一种寄生于两栖动物表皮角质层的真菌。

蛙壶菌是个"变形金刚"，有两个不同的生命阶段：有鞭毛的游离孢子和无柄的游动孢子囊阶段。游离孢子是先头部队，能够主动感知蛙类的皮肤，向皮肤表面糖类、蛋白质等大分子靠拢，从此在两栖动物湿乎乎的皮肤上落脚，在两栖动物角质层生根发芽——形成孢囊并不断繁殖出更多的游离孢子，持续性攻击寄主的皮肤。

蛙壶菌的适宜生长温度范围较宽，它们在 4 ～ 25℃的温度下均能生长，可以舒舒服服地躺在寄主身上越冬度夏。即使在温带地区和热带地区，蛙壶菌也不断适应着环境，持续"野蛮生长"。

蛙壶菌是两栖动物种群减少的"罪魁祸首"！它会导致两栖动物皮肤产生壶菌病。壶菌病让地球上的两栖动物们闻风丧胆，成为近几十年来全球范围内两栖动物种群数量快速下降的主要元凶，也是目前全球两栖动物多样性的最大威胁。更糟糕的是，科学家目前对于这个疾病的传播束手无策，在野外尚无有效的控制方法。

在两栖动物变态发育的各个阶段，蛙壶菌都会伺机而动。蛙壶菌重点攻击发育后个体的表皮，干扰其渗透压调节功能和呼吸功能，导致动物体液失衡。感染晚期的症状基本都跟表皮有关，包括皮下出血、大范围脱皮以及皮肤溃烂，直至器官衰竭而亡。个体感染已经这么惨不忍睹了，群体性感染后，大面积迅速死亡的场景更是触目惊心。不少两栖动物对蛙壶菌没有有效的免疫防御，一中招就毫无抵挡之力，大量个体身亡，在整个种群之间互相传染，甚至一个物种都因此而灭绝，鲜活的生命成为冰冷的标本和历史记录。

蛙壶菌除在被感染的动物体内和水体中存在之外，还能在感染区的环境中，尤其是水循环中保持惊人的活力，连雨水也能成为其传播媒介，在数周时间里，病菌可以保持潜在的传染能力。

不同蛙类对蛙壶菌的抵抗力有所差异，有些蛙类容易感染，对蛙壶菌的抵抗力差，如南方豹蛙等，在低密度壶菌孢子侵染下就会发病死亡；而有的物种，如美洲牛蛙、非洲爪蟾相对较"皮实"，对高密度蛙壶菌也有较高抵抗力，不太容易感染发病。

目前，蛙壶菌已经扩散到非洲、北美洲、南美洲、大洋洲、欧洲、亚洲等地区 50 多个国家，在澳洲与巴拿马的高山雨林地区影响尤为严重。超过 500 种两栖动物感染了蛙壶菌，超过 200 种两栖动物因感染该病菌而种群数量严重下降，甚至灭绝，如泽氏斑蟾、达尔文蟾等。

之前疫情报道多集中在美洲和欧洲，但后续研究发现亚洲早有蛙壶菌存在，只是尚未出现大规模爆发。日本、韩国以及东南亚等国家均监测到有蛙壶菌感染案例，部分地区感染率较高。自 2010 年以来，我国云南省和台湾地区也有蛙壶菌感染的报道。值得庆幸的是，由于蛙壶菌的寄生特性，目前发现它仅感染两栖动物，并不侵染人体。

随着全球社会经济的发展、交通运输行业的升级以及国际贸易活动的增多，人类活动无处不在，这样一来便打破了动植物、微生物分布的自然地理屏障，无心插柳或有意为之地把一些物种带到了新的地方。有的外来物种人畜无害，如来自美洲地区的小土豆和大地瓜。而有的外来物种不仅在新地方活得很好，除了存在伤人和伤害本土物种的威胁，还会形成"恶势力"，破坏生态平衡，严重影响农业和林业健康，造成了巨大的经济损失，这些作恶多端的坏家伙被称为外来入侵物种。

外来物种扩散是蛙壶菌传播的主要原因之一！导致这一结果的很大一部分原因是人类活动引发的两栖动物"迁移"，病原体也搭便车前往。最著名的例子是非洲爪蟾和美洲牛蛙，一方面它们在世界范围内广泛活动，另一方面它们对蛙壶菌具有一定抵抗力，不会轻易被蛙壶菌杀死。超强的抵抗力让它们幸免于难的同时，在走南闯北的过程中顺理成章地成为蛙壶菌的理想传播者。

蛙壶菌源于非洲，壶菌病最早是 1938 年在非洲爪蟾身上发现的。此后，蛙壶菌经非洲爪蟾和美洲牛蛙的贸易逐渐扩散到世界各地。模式动物非洲爪蟾和外来入侵物种美洲牛蛙，成为蛙壶菌在世界范围内传播的始作俑者。

在充分认识到蛙壶菌对两栖动物巨大危害的同时，科学家也开始研究如何"人蛙"合力，抗衡蛙壶菌。当初那些感染过蛙壶菌的幸存者就成了战胜壶菌、保护蛙族的希望之光。

面对这种凶狠杀手，蛙蛙们并非毫无还手之力。多次接触蛙壶菌而幸免于难的青蛙能够获得针对这种真菌的免疫力，根据这个原理在未来可以开发蛙壶菌疫苗，为两栖动物提供群体免疫。

除了在免疫方面获得进展，科学家在两栖动物皮肤分泌物的研究方面也取得了突破。尽管在数十年间蛙壶菌并没有发生多少改变，但蛙壶菌的宿主并没有坐以待毙。被感染后，青蛙的皮肤分泌物成分发生变化，皮肤在阻止蛙壶菌侵染和生长方面，变得更强了。经受过一次壶菌病恢复后的皮肤，抵抗力变得更强，对蛙壶菌的抑制效果明显优于没有经受过任何病菌"考验"过的皮肤。不仅是皮肤里的抗菌肽在起作用，物种内部也进行了适应性调整，包括遗传适应、行为适应和其他相关适应，从而帮助它们抵抗这种致命真菌。这就好比感冒多次之后，身体各部分被调动起来，抵抗力全面加强了。

目前我们并没有十分有效的手段遏制蛙壶菌，显然这将是一场持久且艰难的"战争"。

下面来看看这些蛙界不安分守己，四处"打家劫舍"的"外来客"！

## 🐸 世界上最受关注的青蛙——非洲爪蟾

这是一只参与人类科学研究历史长达一个世纪的蛙界明星，它是全世界受关注最多的蛙类，也是被研究次数最多的蛙类。非洲爪蟾一直献身科研，推动着人类科学技术的发展。因为极易人工繁育，产卵量多且受精卵大，身体具有再生能力，非洲爪蟾出道即巅峰，马上就成为实验室的"工具蛙"，在细胞胚胎发育学、

非洲爪蟾（朱弼成 供）

分子和基因组学、生理学、毒理学、再生医学和神经生物学等多个领域贡献着自己和后代。

你不知道吧，早在 20 世纪 30 年代，非洲爪蟾就被用作"两道杠"——验孕用品。你不知道吧，早在 20 世纪 60 年代，非洲爪蟾就成为世界上第一种被成功克隆的脊椎动物，比大家熟知的克隆羊"多利"早了 30 多年。你不知道吧，非洲爪蟾的胚胎多次遨游太空，配合人类开展微重力条件下胚胎发育的研究。你不知道吧，在 2016 年，人类完成了非洲爪蟾基因组的测序工作，这是第一个完成测序的"古老蛙类"代表，具有深远的研究意义。

作为实验模型和受欢迎的萌宠，非洲爪蟾被引进到了许多国家。成名后的它们被蛙壶菌缠上了——非洲爪蟾身强体壮，对很多病菌都具有抵抗力，因此成为病菌绝佳的携带者与传播者。在非洲原栖息地，很多非洲爪蟾感染了蛙壶菌，但可以在感染中幸存下来,在后续的跨海跨国旅行中,它们将蛙壶菌传到了世界各地,那些"没见过大世面、弱不禁风"的蛙族亲戚们可抵挡不住这么凶猛的病菌。

如今,蛙壶菌蔓延至世界上有蛙的各个地方,搅动着世界蛙类的现在和未来。这就相当于在完好的针织衫上开了几个小洞,一拖一拽,很快就会千疮百孔。同理,一旦生态环境失去平衡,最终导致生物多样性减少、自然灾害频发,甚至影响人类的生存。

## 🐸 小心牛蛙,请勿放生!

说起牛蛙有人会想到它的美味,"美蛙鱼头"可以让你联想到美味的牛蛙。也有人会想到它和青蛙一样是吃虫能手。但是,《北京市湿地保护条例》里明文规定:在湿地保护范围内擅自引入林业外来物种,如牛蛙等,造成严重后果的,处 5 万元以上 50 万元以下罚款。为何北京园林绿化局会出台如此严厉的条例?为什么牛蛙不能放生?接下来为大家一一解答这些疑惑。

"蛙界暴龙"美洲牛蛙(朱弼成 供)

我们先来了解一下牛蛙的前世今生。

美洲牛蛙因繁殖季节发出洪亮的"哞哞"声神似牛叫而得名。它们除了声音像牛，体型也很牛，是现存北美洲最大的青蛙。体长为 15 ～ 17 厘米，成体大约重 500 克。背部皮肤粗糙，呈绿色或棕色，四肢有黑色条纹，体色因栖息地不同而有较大差异。前腿短而结实，后腿粗长。雄蛙喉部是明黄色，有彩色婚垫。

美洲牛蛙是一种生命力很强的蛙类。繁殖季节从春季至初夏，雄蛙经常集群发出求偶鸣叫或争抢地盘的吵架声，独特的牛叫声，使其他动物闻声而惧，猜测这个声音的主人一定是个大块头。除了吸引异性，如此响亮叫声的另一个用途是自我保护，声音威震天，可以惊吓捕食者，它好趁机逃脱。

美洲牛蛙一般在覆盖植被的浅水表面繁殖，雄蛙表现出极强的领域行为。雌蛙产卵量特别大，每次产卵甚至多达 2 万枚。适宜条件下，蛙卵 3 ～ 5 天即可孵化成蝌蚪。牛蛙蝌蚪也很"牛"，长度可超过 10 厘米，比一些小鱼还大。在温暖适宜的地方，蝌蚪成长迅速，从出生时 5 克生长到 175 克，只需要短短的 8 个月。美洲牛蛙能在野外存活 8 ～ 10 年。

美洲牛蛙原产于美国、加拿大等地，经农业与贸易被广泛引入世界各地，是世界上最常见的养殖食用蛙类之一。但美洲牛蛙早已被列入全球最危险的 100 种外来入侵物种名单，入侵版图遍及北美洲、拉丁美洲、欧洲和亚洲等地。

美洲牛蛙体型大、食性广，有"蛙界暴龙"之称。较小的美洲牛蛙主要吃昆虫，成体几乎可以吞食比它小的任何动物。食性杂到令人瞠目结舌，不仅猎食鸟类、老鼠、蝙蝠等，还会捕食同类。

美洲牛蛙具有非凡的弹跳能力，当遇到大型猎物时，它们会猛地跳起用头撞击猎物，然后用嘴咬住猎物，将猎物拖入水中使其窒息后再吞食。让我们来细数美洲牛蛙的"七宗罪"吧。成蛙具有贪婪的捕食习惯，就连蝌蚪也具有超强的竞争力。它们不仅会与本土蛙类竞争食物和领地，还会捕食、猎杀本土蛙类，直接或间接导致许多本土物种种群下降或局部灭绝。美洲牛蛙进入新的栖息地后会对本土物种和食物链构成巨大威胁，对生物多样性和生态系统具有严重危害。

自从 1959 年美洲牛蛙被作为"肉食"的养殖对象引入我国以来，其分布地区急剧扩大。20 世纪 80 年代以来，美洲牛蛙被广泛饲养以供本地消费和出口，由于养殖、运输和贸易过程中管理不善造成的牛蛙逃逸和人为放生等原因，美洲牛蛙已经在四川、广西、台湾等地建立了野外种群。放生事件多发生在各大景区和自然保护区。这些地方生物多样性高，生活着很多中国特有物种，是国内重要的生物资源宝库。这些地方一旦因美洲牛蛙扩散而受到地区性的破坏，对国家的生态会产生很严重的影响。

美洲牛蛙是蛙壶菌另一个强有力的"全球传播者"。随着美洲牛蛙在世界范围内被广泛引入，蛙壶菌也同时被带到了这些地方。它们成为蛙壶菌的携带者和扩散者。

美洲牛蛙的扩散是导致我国蛙壶菌扩散的重要原因。目前，科学家已在市场和野外的美洲牛蛙中检测出蛙壶菌。该病菌已经侵入滇蛙、昭觉林蛙和大蹼铃蟾以及云南臭蛙等中国本土物种。而随意的放生现象，加剧了我国本土蛙类的染病率。美洲牛蛙正成为威胁我国两栖动物、鱼类和昆虫多样性的重要因素。

目前，全球范围内外来入侵物种已经超过 10000 种，中国外来入侵物种数据库中已经收录 754 种。仅主要的 13 种农业、林业外来入侵物种每年就对国家造成 574 亿元的经济损失。这还没有计算对整个生态系统和人类健康等造成的间接损失。

因此，请不要随意放生美洲牛蛙。您不经意的一次放生，对本土生物而言，将是一场巨大的灾难！放生的本质是救生。与其放生，不如从自己做起，在生活中拒绝污染，拒绝破坏环境，拒绝食用和药用濒危野生动植物，抵制滥砍滥伐林木，抵制捕捉贩卖野生动物，保护好地球生命共同体，保护好我们共有的生态环境！

## 🐸 比美洲牛蛙还大的牛蛙——非洲牛蛙

说完细胳膊大长腿的美洲牛蛙，我们接下来看一下疙疙瘩瘩、软萌肥糯的非洲牛蛙。非洲牛蛙是非洲南部最大的两栖动物。成年体长为 24.5 厘米，体重接

非洲牛蛙（朱弼成　供）

近 1500 克，它又被称为"巨型牛蛙"。与大多数情况相反，雄性非洲牛蛙比雌蛙大。它们头很宽，成体背部通常为深橄榄绿色。每个脚后跟上都有铲子状的结构，用于挖坑。

非洲牛蛙主要分布在非洲撒哈拉以南炎热干燥地区。旱季时它们会钻进自己挖的土坑里"夏眠"以躲避高温，在坑里等风来，等雨来，最长可以酣睡半年到十个月。暴雨来了，雄蛙在浅水区鸣叫，开始繁殖。体型较大的雄蛙会占据繁殖场所的中心，它们攻击性强，会为了争夺领域大打出手。

事实上，为了爱情如此"残暴"的非洲牛蛙也有"慈父"的一面。非洲牛蛙蝌蚪通常在水坑里一起孵化，当遇到干旱天气，为了不让蝌蚪因为缺水被晒死，非洲牛蛙会用脚后跟挖掘"水渠"，将即将晒死的蝌蚪疏导到邻近的水坑。

非洲牛蛙几乎什么都吃，昆虫就是塞牙缝的，食物还包括小鸟、小型爬行动物、啮齿类动物，等等，有时还会捕食同类。它们这么大的个头，不仅不挑食，还爱吃肉，入侵美国简直所向披靡，它们吃掉了太多小虫子，严重影响了当地的生态系统。

因为全球频繁的贸易往来，非洲牛蛙入侵到了欧洲和美洲。既然全球各地都已经有美洲牛蛙入侵的前车之鉴了，那还不得防着这个连美洲牛蛙都不是对手的非洲牛蛙啊！

## 新入侵的外来物种——温室蟾

很多人对温室蟾这种最近悄无声息入侵我国的外来青蛙，并不熟悉。因为它喜欢温暖、湿润的温室苗圃作为落脚点，所以人们叫它温室蟾。

这是一种小型青蛙，体长只有 1.5 ~ 2.0 厘米。温室蟾有一个尖鼻子，这个尖鼻子的用处，后面会重点提到。鼻尖和眼睛都是红色的，背面和后腿上布满疣粒。脚趾上有膨大的吸盘。

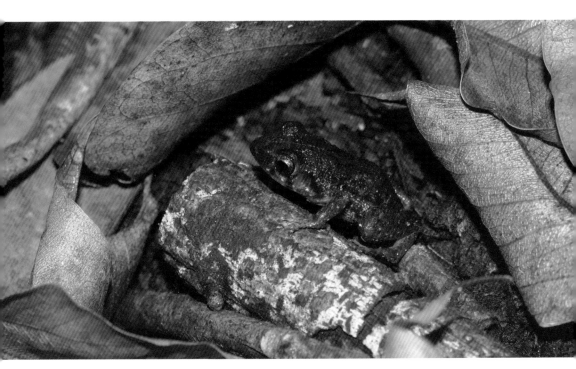

温室蟾（吕植桐　摄）

温室蟾原产于北美洲的古巴等地，是一种适应性极强的物种，可以在林区、洞穴、城市和农田等各种陆生环境中生存。因为体型小，没有多大存在感，既可以掩埋在土壤里，也可以隐藏在植物叶片上。因为与众不同的繁殖方式，它们获得了一个隐形技能。雌蟾在土壤或湿润叶片上产卵后，胚胎直接在卵膜中发育成蝌蚪，再发育成幼体，全程不需要浸泡在水里。被卵膜束缚着的幼蟾，利用前面重点提到的尖尖的"鼻子"顶破卵膜，然后开始独立生活。所以，在整个发育过程中它们都能很好地隐蔽和保护自己。

随着全球花卉苗木产业的发展，它们坐上了飞机，坐上了轮船，借着人们运输园林苗木的东风，到达了世界上很多新的栖息地，低调地扩大着种群数量，隐秘地开拓着家族版图，入侵了一城又一地。温室蟾已经在美国、格鲁吉亚、日本、牙买加、洪都拉斯和墨西哥等很多地方闯关成功。2000年首次在我国香港地区发现温室蟾，2017年又在深圳和澳门地区发现该物种。

虽然温室蟾体型较小，看上去似乎翻不出什么浪花。然而，需要警惕的是在相对较小的岛屿环境下，高密度的温室蟾种群会大量捕食蚂蚁、甲虫、蚯蚓等无脊椎动物，它们的入侵可能会对体型相似的本土蛙类以及食虫的鸟类构成一定程度的竞争和生态位威胁。

人类活动的干扰、噪声污染、化学污染和外来入侵物种扩张等因素都严重威胁着本土两栖动物的生存。下面就来看看这些尽自己最大的努力挣扎着、生存着的物种，或是来过这片土地留下过名字却很不幸已经消失的物种。

## 🐸 最不起眼的国家二级保护动物——虎纹蛙

虎纹蛙，尽管它的名字里带"虎"，尽管它身披霸气纹路的衣服，然而毕竟它只是一只青蛙，也吓唬不到观众，顽皮的人们非给它起了个"田鸡"的俗名。

相比其他小个子青蛙，虎纹蛙是一种大型蛙类，最大体长超过12厘米，一杯奶茶那么大的身材。一只250克不在话下，有些蛙一只的重量就达到500克，别问人们为什么知道它的重量，除非，它在某些场（市）合（场）需要称重。其背部颜色随环境不同略有差异，呈黄绿色或灰棕色，比较粗糙，密布不规则的肤褶及小疣粒，其间镶嵌着深色斑纹，远远看着跟当年唐僧给孙悟空缝制的那条虎皮裙有些神似，这就是虎纹蛙名字的来历。

"田鸡"分布在河南、陕西以及长江以南各省市，主要生活在海拔20 ~ 1120 米的稻田里，偏好流速缓慢、水质良好的浅水区域，鱼塘、水坑和沟渠内也能见到它们。虎纹蛙运动能力很强，擅长跳跃，雄蛙的鸣叫声就像远处传来的狗叫声一样，和虫鸣声混在一起，很有乡野气息。它们主要吃昆虫，有时还会吃小鱼小虾以及体型较小的同类和蝌蚪。这是一种自己吃肉和被人吃肉的蛙。前面已经提到了，因为有买卖，所以就会称重。因为长得体型硕大，"鸡"肉强健，所以早在美洲牛蛙登上国人的餐桌前，虎纹蛙就上了菜谱。

20 世纪 70、80 年代，民间流传了"田鸡"的种种美食传说，有些资料至今仍然描述它"肉质细嫩、味道鲜美"，太出名的结果就是生存状况岌岌可危。尽管人们也经常见到它，但是必须郑重提醒你，这确实是一只你"高攀不起"的蛙，捕捉和食用虎纹蛙，会给你带来非常大的麻烦。

虎纹蛙（李健 绘）

早在 1989 年，虎纹蛙就"荣升"为国家二级保护动物；2004 年，它又被列入《世界自然保护联盟濒危物种红色名录》，这放在整个蛙界算是数一数二高规格的"待遇"了。正因为红色名录评估的结果发现这个看似普通、到处都有的蛙，在分布范围减少、栖息地生态环境遭到破坏、人为干扰与捕捉、外来物种入侵、农药及病害侵袭等多座大山的压迫下，数量急剧减少。专家们预估在未来它的数量将减少一半及以上，所以把它评估为"濒危"物种。所以，你看似寻常的"捉了一只蛙"的行为，都是非法的：非法捕猎、非法贩卖、非法出售野生虎纹蛙，都违反了我国野生动物保护法。

此后，人们开始引入美洲牛蛙和泰国虎纹蛙来替代虎纹蛙，这使虎纹蛙的数量得到了一定的缓解。然而，新的问题又出现了。人工饲养美洲牛蛙和泰国虎纹蛙因管理不善，造成物种逃逸、基因污染和生态位拥挤等问题，又进一步侵扰了虎纹蛙的"宁静生活"，从侧面加剧了虎纹蛙的生存危机。

这真是一只连普普通通活着都不容易的蛙。

## "胡子蛙"的生存迎来冰川期

在前几章的学习中，我们已经认识了峨眉髭蟾。现在把它放在一个严肃的章节里，一看准没有好事，因为峨眉髭蟾的保护现状让人担忧。

这个颜值和内涵双双在线的蛙，遇到了种族生存危机，种群数量下降十分严重。过度采集、栖息地遭到破坏和人为因素的干扰等原因导致其种群数量持续减少，"胡子蛙"的生存迎来了"冰川期"。早在 2005 年，《世界自然保护联盟濒危物种红色名录》就已将其列为濒危等级，如今这一珍稀物种在其老家——模式产地四川峨眉山已濒临灭绝，被列为国家二级保护动物。

这或许与它独特的生活史有关。

峨眉髭蟾在交配繁殖后，产下一群与众不同的蝌蚪——比有些成蛙还大得多的超大蝌蚪，它们体型大而肥壮，全长在 10 厘米以上，差不多有成人手掌那么

峨眉髭蟾（缪靖翎　摄）

峨眉髭蟾蝌蚪（缪靖翎　摄）

长。与其他蝌蚪不同，峨眉髭蟾蝌蚪发育非常缓慢，变态期长达 3 年左右，至少要越过两个冬天才能甩掉尾巴，变成幼蟾。而历经艰辛爬上岸边的幼蟾，还需要 2 年才能长大。中途不出幺蛾子的话，从卵到成体总共需要 4 ~ 5 年。变态期的髭蟾蝌蚪各个系统都没有发育完善，因此对环境极为敏感，它们需要生活在水质清澈的山溪中，而各种环境因素均会影响蝌蚪的生长发育。在被人类污染的溪流中，很难见到髭蟾蝌蚪的踪影。

这只胖胖的蝌蚪，比很多小鱼还要大，所以常被当地人称为"蛙鱼"，前些年还被无辜地当作无刺小鱼在旅游区餐馆里作为特产美食售卖。本来成长就非常不容易了，还被当作食材，这个特有珍稀动物的濒危之路就更加岌岌可危了。

希望大家都能对峨眉髭蟾的保护尽一点微薄之力，没有买卖就没有伤害，没有污染就没有伤害，让我们一起为这些小生命筑起爱的保护层，帮助"胡子蛙"度过这次生存的"冰川期"。

## 🐸 突然消失的水雾胎生蟾

前面提到的这种能够直接生出小蛙的蟾蜍，于 1996 年第一次被人类发现。最初被发现时，尽管水雾胎生蟾仅生活在一片 2 公顷的区域内，但分布密度很大，数量并不算稀少，初期估计区域内至少分布有 20000 多只。然而，就在它们正式享有姓名权的 1999 年，水雾缭绕、温湿恒定的峡谷上方来了一群工人，修筑起了水坝。水坝致使水流减少，水量骤减至先前的 10%。峡谷依然还是峡谷，但瀑布已经不再是瀑布，水流不再 24 小时流淌，水雾不再溅起，植被不再湿润，水雾胎生蟾赖以生存的环境被彻底破坏，这可能导致了它的种群崩溃。

"聪明"的人类为了弥补修建水坝对生态环境造成的破坏，帮助水雾胎生蟾恢复野外的种群数量，于 2000 年 7 月起，在它的栖息地区域架设了大量喷淋洒水系统，模拟破坏前瀑布的天然喷雾效果。然而，这个尝试从一开始就是概念大于实际效果，因为大坝把水流拦起来的那一刻，就已经永久地改变了栖息地周围的动植物网络与微环境，最终以 2003 年的一场干旱宣告"喷雾"拯救计划失败。

水雾胎生蟾（朱弼成　供）

　　然而，对于野外仅剩的一小群水雾胎生蟾的生存威胁还在继续。蛙壶菌选择在蛙群抵抗力最弱的时候出击了，再加上大坝放水带来了上游农业生产喷施的过量杀虫剂，真可谓屋漏偏逢连夜雨。到 2004 年 1 月，科学家仅在野外观察到了3 只雌蟾，听到 2 只雄蟾"吱 – 吱 – 吱"的叫声，这也许是它们在野外最后悲惨的呐喊。目前，水雾胎生蟾已经被科学家正式宣布野外灭绝。

　　不幸中的万幸，科学家在 20 世纪 90 年代起开始，提前把这个物种带进了实验室，放进动物园进行了保护。水雾胎生蟾的人工繁殖已获得成功。目前，我们还能在仅有的几个动物园里看到幸存的人工种群，科学家用蟋蟀、果蝇来喂养刚出生的蟾宝宝。

　　2012 年，世界自然保护联盟物种生存委员会两栖动物专家小组的科学家将人工繁育的 2500 只水雾胎生蟾重新放回它们祖先世世代代生活的家园中，并计划未来将释放更多个体到野外，希望通过各种环境修复手段帮助它们尽快回归正常的野外生活与繁殖。

　　人们希望面前的这片瀑布，永远都是水雾胎生蟾生存的乐土。

不就是修了一个水坝嘛，不也补装了喷淋设施吗，咋还是灭绝了呢？看似人类对自然具有无穷的掌控力，其实，哪怕是无意间对环境做出一丝一毫的改变，对生态和生物造成的伤害，也可能需要子子孙孙用成倍的投入才能弥补，甚至很多时候，物种灭绝后就永久地消失了，如神奇而悲惨的胃育蛙。

## 胃育蛙"复活"计划

关于本节胃育蛙的文字描述，严格来说都需要用"过去时态"，因为很不幸，30 年前它们就已经灭绝了。距离 1972 年它第一次被人类发现，1973 年被命名，1981 年最后一次在野外被发现，1983 年人工饲养的最后一只个体离开这个世界，从正式记载到戛然落幕剧终，只用了 11 年时间。1995 年，科学家正式宣布了该物种的灭绝。很不幸，这是一只目前仅生活在书本文字里的蛙，这是一只仅留了几张模糊图片的蛙，让我们用文字来缅怀曾经的它，记住它远去的存在，也警醒充满危机的未来。

在肚子里抚育后代的胃育蛙（朱弼成　供）

来去匆匆的胃育蛙灭绝了，跟其他逃不出灭绝命运的动物一样，还没来得及搞清楚什么原因就彻底灭绝了，连一个招呼都不提前打。栖息地减少或丧失、生态环境污染、人为干扰与捕捉、寄生虫以及蛙壶菌感染等多因素叠加，最终导致了这一悲剧的上演。

科学技术的发展让科学家想要重新修改胃育蛙已"灭绝"的事实。因此，科学家于 2013 年启动了一项类似于《侏罗纪》电影里的"复活"计划，他们利用细胞生物学技术与基因克隆技术，从胃育蛙冻存样本中取出含有该物种信息的细胞核，将其移植进近亲的卵中。在长达 5 年的实验中，科学家成功获得了一些含有胃育蛙遗传物质并能够分裂的卵细胞，这些人工活体胚胎让灭绝了的胃育蛙再一次获得了短暂的生命。然而，电影终归是电影，现实仍然是残酷的。最终胚胎没能正常发育成蝌蚪，"复活"计划没能成功复活胃育蛙。

也许是技术还不够成熟，也许是警醒还不够深刻，大自然中灭绝的物种不是人类想要复活就能随便复活的。这只神奇的小青蛙，将继续神秘地待在教科书中、标本馆里……

## 🐸 "两栖动物灭绝危机"封面人物——金蟾蜍

"刘海戏金蟾"的故事在我国民间广为流传。相传，住在水井边贫苦的青年刘海，用拴着一串铜钱的绳子逗井底的金蟾，而后羽化飞升。清代之后，"刘海戏金蟾"的故事形象多出现在寓意喜庆、吉祥、富贵的年画上。虽说这只是民间传说，但历史上的确有金蟾蜍这个物种。

金蟾蜍又称环眼蟾蜍，是一种中等体型的蛙类。体长为 4 ~ 5.5 厘米。雄性金蟾蜍名副其实，金色或亮橙色的外表格外引人注目。而雌蟾背部的色彩从黄绿色到黑色，配以明亮的猩红色斑点。金蟾蜍体表相对光滑。雄蟾没有鼓膜和声囊。

金蟾蜍曾生活在哥斯达黎加云雾森林保护区一块不到 10 平方千米的小区域。它是一种穴居动物，大部分时间都隐藏在地下，只在很短的繁殖季节钻出地面活

金蟾蜍（朱弼成　供）

动。往往在降水量增多的 4 月份进入交配季节，整个交配季节会持续数周时间。此时，雄蟾会大量聚集在水洼中，争先恐后地等待雌蟾的到来。它们会彼此竞争赢得雌蟾青睐。聚会过后，完成使命的雄蟾又重新隐秘到地下过着"修仙"般的生活。

　　一个物种灭绝需要多长时间？ 100 年？ 50 年？这道题目的答案，在胃育蛙身上是 11 年；在金蟾蜍身上，是 10 年。金蟾蜍从被人类发现至灭绝，从灿烂蛙生到族群灭绝仅用了 10 年的短暂光阴。

　　金蟾蜍的消失也许是两栖动物灭绝事件中最引人注目的案例。历史资料最早记录金蟾蜍种群数量丰富是在 1964 年，当时 5 米半径内至少可以看到 200 只金蟾蜍。金蟾蜍的发现曾被视作哥斯达黎加生物多样性的有力论据。尽管它的栖息地似乎大体上没有受到影响，但不知不觉中，它的种群数量就开始急剧下降。在云雾森林，1987 年记录到金蟾蜍有 1500 只，一年后仅发现 10 ～ 11 只，直到 1989 年仅发现 1 只，自那以后就再也没有人见过。人们在保护金蟾蜍的行动上似乎永远慢了一拍。1979 年，国际自然保护联盟将其列为濒危物种；1996 年，金蟾蜍的地位被提高为极度濒危；2006 年，《世界自然保护联盟濒危物种红色名录》将金蟾蜍定义为灭绝。

在全世界范围内两栖动物物种数量不断下降的总体大趋势下，科学家们认真地研究着金蟾蜍灭绝这个冷冰冰的事实。尽管跟前面灭绝物种面对的多种危机一致，科学家认为长期干旱、全球气候变暖、紫外线增加、壶菌感染和空气污染等都是潜在诱因，但至今我们仍然不清楚金蟾蜍到底是如何在如此短的时间内灭绝的。

"风雨萧萧鸡自鸣，谁顾寒莎响蛙黾。"如今金蟾蜍已经成为过去式，成为这个地球上沉沉浮浮物种灭绝历史中两栖动物的已故典型。令人遗憾，令人惋惜。同时拥有美丽传说和美丽外表的它，在还未被高清记录，还未被世人关注时，就悄然消失在了历史长河里，我们再也看不到那些散落在密林中如宝石般的精灵了。

# 主要参考文献

[1] 费梁,叶昌嫒,江建平.中国两栖动物及其分布彩色图鉴[M].成都:四川科学技术出版社,2012.

[2] 李丕鹏,陆宇燕,吕顺清.四耳臭蛙的分类地位及蛙亚科一新属[J].四川动物,2006, 25(2): 206-210.

[3] 王玉胜,丁利,崔建国,等.雄激素对无尾两栖类鸣叫行为的调控及机制[J].四川动物, 2010, 29(5): 647-651.

[4] 张豪迪,孙晓倩,朱弼成,等.环境噪声对蛙类通讯行为的影响及蛙类的适应策略[J].应用与环境生物学报,2021, 27(4): 1085-1091.

[5] 赵尔宓,王力军,史海涛,等.中国的树蛙科动物并记树蛙属一新种[J].四川动物,2005 24(3): 297-300.

[6] AKRE K L, FARRIS H E, LEA A M, et al. Signal perception in frogs and bats and the evolution of mating signals[J]. Science, 2011, 333 (6043): 751-752.

[7] AKRE K L, RYAN M J. Complexity increases working memory for mating signals[J]. Current Biology, 2010, 20 (6): 502-505.

[8] ARCH V S, GRAFE T U, NARINS P M. Ultrasonic signalling by a Bornean frog[J]. Biology Letters, 2008, 4 (1): 19-22.

[9] BLACKBURN D C, DUELLMAN W E. Brazilian marsupial frogs are diphyletic (Anura: Hemiphractidae: *Gastrotheca*) [J]. Molecular Phylogenetics and Evolution, 2013, 6(3): 709-714.

[10] BEE M A. Finding a mate at a cocktail party: spatial release from masking improves acoustic mate recognition in grey treefrogs[J]. Animal Behaviour, 2008, 75 (5): 1781-1791.

[11] BERNAL X E, AKRE K L, BAUGH A T, et al. Female and male behavioral response to advertisement calls of graded complexity in túngara frogs,

*Physalaemus pustulosus*[J]. Behavioral Ecology and Sociobiology, 2009, 63: 1269-1279.

[12] BIJU S D, BOSSUYT F. New frog family from India reveals an ancient biogeographical link with the Seychelles[J]. Nature, 2003, 425: 711-714.

[13] CANDOLIN U. The use of multiple cues in mate choice[J]. Biological Reviews, 2003, 78 (4): 575-595.

[14] CALDWELL M S, JOHNSTON G R, MCDANIEL J G, et al. Vibrational signaling in the agonistic interactions of red-eyed treefrogs[J]. Current Biology, 2010, 20 (11): 1012-1017.

[15] CAPULA M. Simon & Schulter's Guide to Reptiles and Amphibians of the World [M]. New York: Simon & Schulter Inc, 1989.

[16] CHRISTY M T, CLARK C S, GEE II D E, et al. Recent records of alien anurans on the Pacific Island of Guam[J]. Pacific Science, 2007, 61 (4): 469-483.

[17] CLARK V C, RAXWORTHY C J, RAKOTOMALALA V, et al. Convergent evolution of chemical defense in poison frogs and arthropod prey between Madagascar and the Neotropics[J]. Proceedings of the National Academy of Sciences, 2005, 102 (33): 11617-11622.

[18] COSS D A, RYAN M J, PAGE R A, et al. Can you hear/see me? Multisensory integration of signals does not always facilitate mate choice[J]. Behavioral Ecology, 2022, 33 (5): 903-911.

[19] CROTHERS L, GERING E, CUMMINGS M. Aposematic signal variation predicts male-male interactions in a polymorphic poison frog[J]. Evolution, 2010, 65: 599-605.

[20] CUI J G, TANG Y Z, NARINS P M. Real estate ads in Emei music frog vocalizations: female preference for calls emanating from burrows[J]. Biology Letters, 2012, 8 (3): 337-340.

[21] CUI J, SONG X, ZHU B, et al. Receiver discriminability drives the evolution of complex sexual signals by sexual selection[J]. Evolution, 2016, 70: 922-927.

[22] DENG K, ZHOU Y, ZHANG H D, et al. Conspecific disturbance odors act as

alarm cues to affect female mate choice in a treefrog[J]. Behavioral Ecology and Sociobiology, 2022, 76 (4): 1-8.

[23] Donnelly M A. Feeding patterns of the Strawberry Poison Frog *Dendrobates pumilio* (Anura: Dendrobatidae) [J]. Copeia, 1991, 1991(3): 723-730.

[24] DUELLMAN W E. The Hylid Frogs of Middle America[M]. Ithaca: Society for the Study of Amphibians and Reptiles, 2001.

[25] FENG A S, NARINS P M, XU C H, et al. Ultrasonic communication in frogs[J]. Nature, 2006, 440 (7082): 333-336.

[26] GOMES D G E, PAGE R A, GEIPEL I, et al. Bats perceptually weight prey cues across sensory systems when hunting in noise[J]. Science, 2016, 353 (6305): 1277-1280.

[27] GONG Y Z, ZENG Y W, ZHENG P J, et al. Structural and bio-functional assessment of the postaxillary gland in *Nidirana pleuraden* (Amphibia: Anura: Ranidae) [J]. Zoological Letters, 2020, 6 (7): 1-16.

[28] GONWOUO N L, SCHÄFER M, TSEKANÉ S J, et al. Goliath Frog (*Conraua goliath*) abundance in relation to frog age, habitat, and human activity[J]. Amphibian & Reptile Conservation, 2022, 16 (2): 104-119.

[29] HALFWERK W, BLAAS M, KRAMER L, et al. Adaptive changes in sexual signalling in response to urbanization [J]. Nature Ecology & Evolution, 2018, 3: 374-380.

[30] HALFWERK W, JONES P L, TAYLOR R C, et al. Risky ripples allow bats and frogs to eavesdrop on a multisensory sexual display[J]. Science, 2014, 343 (6169): 413-416.

[31] HALFWERK W, SLABBEKOORN H. Pollution going multimodal: the complex impact of the human-altered sensory environment on animal perception and performance[J]. Biology Letters, 2015, 11(4): 20141051.

[32] HE Q L, DENG K, WANG X P, et al. Heterospecific eavesdropping on disturbance cues of a treefrog[J]. Animal Cognition, 2023, 26: 515-522.

[33] HODGKISON SC, HERO J M. Daily behaviour and microhabitat use of the

Waterfall Frog, *Litoria nannotis* in Tully Gorge, eastern Australia[J]. Journal of Herpetology, 2001, 35 (1): 166-120.

[34] ISKANDAR DT, EVANS B J, MCGUIRE J A. A novel reproductive mode in frogs: a new species of Fanged Frog with internal fertilization and birth of tadpoles[J]. PLoS ONE, 2014, 9 (12): e115884.

[35] JIANG K, REN J L, LYU Z Y, et al, Taxonomic revision of *Amolops chunganensis* (Pope,1929) (Amphibia: Anura) and description of a new species from southwestern China, with discussion on *Amolops monticola* group and assignment of species groups of the genus *Amolops*[J]. Zoological Research, 2021, 42 (5): 574-591.

[36] JIANG K, REN J L, WANG J, et al. Taxonomic revision of *Raorchestes menglaensis* (Kou, 1990) (Amphibia: Anura), with descriptions of two new species from Yunnan, China[J]. Asian Herpetological Research, 2020, 11 (4): 263-281.

[37] KRAJIK K. The lost world of the Kihansi Toad[J]. Science, 2006, 311 (5765): 1230-1232.

[38] NARINS P M, HÖDL W, GRABUL D S. Bimodal signal requisite for agonistic behavior in a dart-poison frog, *Epipedobates femoralis*[J]. Proceedings of the National Academy of Sciences of the United States of America, 2003, 100 (2): 577-580.

[39] OLIVER P M, GÜNTHER R, MUMPUNI M, et al. Systematics of New Guinea treefrogs (Litoria: Pelodryadidae) with erectile rostral spikes: an extended description of Litoria pronimia and a new species from the Foja Mountains[J]. Zootaxa, 2019, 4604 (2): 335-348.

[40] PENNA M, VELOSO A. Vocal diversity in frogs of South American temperate forest[J]. Journal of Herpetology, 1990, 24 (1): 23-33.

[41] REICHERT M S, HÖBEL G. Modality interactions alter the shape of acoustic mate preference functions in gray treefrogs[J]. Evolution, 2015, 69 (9): 2384-2398.

[42] RITTMEYER E N, ALISON A, GRÜDLER M C, et al. Ecological guild evolution and the discovery of the world's smallest vertebrate[J]. PLoS ONE, 2012, 7 (1): e29797.

[43] RODEL M O, PAUWELS O S. A new Leptodactylodon species from Gabon (Amphibia: Anura: Astylosternidae) [J]. Salamandra, 2003, 39 (3-4): 139-148.

[44] ROHR J R, RAFFEL T R, ROMANSIC J M, et al. Evaluating the links between climate, disease spread, and amphibian declines[J]. Proceedings of the National Academy of Sciences, 2008, 105 (45): 17436-17441.

[45] ROSENTHAL G G, RAND A S, RYAN M J. The vocal sac as a visual cue in anuran communication: an experimental analysis using video playback[J]. Animal Behaviour, 2004, 68 (1): 55-58.

[46] RYAN M J. The Túngara Frog: A Study in Sexual Selection and Communication[M]. Chicago: University of Chicago Press, 1985.

[47] SHEN J X, FENG A S, XU Z M, et al. Ultrasonic frogs show hyperacute phonotaxis to female courtship calls[J]. Nature, 2008, 453 (7197): 914-916.

[48] SHANNON G, MCKENNA M F, ANGELONI L M, et al. A synthesis of two decades of research documenting the effects of noise on wildlife[J]. Biological Reviews, 2016, 91 (4): 982-1005.

[49] STARNBERGER I, PREININGER D, HÖDL W. The anuran vocal sac: a tool for multimodal signalling[J]. Animal Behaviour, 2014, 97: 281-288.

[50] STEBBINS R C. A Field Guide to Western Reptiles and Amphibians[M]. Boston: Houghton Mifflin Harcourt, 2003.

[51] TAYLOR R C, KLEIN B A, STEIN J, et al. Faux frogs: multimodal signalling and the value of robotics in animal behaviour[J]. Animal Behaviour, 2008, 76: 1089-1097.

[52] TAYLOR R C, RYAN M J. Interactions of multisensory components perceptually rescue tungara frog mating signals[J]. Science, 2013, 341 (6143): 273-274.

[53] TYLER M J, CARTER D B. Oral birth of the young of the gastric-brooding frog *Rheobatrachus silus*[J]. Animal Behaviour, 1981, 29 (1): 280-282.

[54] UNE Y, KADEKARU S, TAMUKAI K, et al. First report of spontaneous chytridiomycosis in frogs in Asia[J]. Diseases of Aquatic Organisms, 2008, 82 (2): 157-160.

[55] VIRGO J, UFERMANN L, LAMPERT K P, et al. More than meets the eye: decrypting diversity reveals hidden interaction specificity between frogs and frog-biting midges[J]. Ecology Entomology, 2021, 47: 95-108.

[56] WANG G D, ZHANG B L, ZHOU W W, et al. Selection and environmental adaptation along a path to speciation in the Tibetan frog *Nanorana parkeri*[J]. Proceedings of the National Academy of Sciences, 2018, 115 (22): E5056-E5065.

[57] WELCH A M, SEMLITSCH R D, GERHARDT H C. Call duration as an indicator of genetic quality in male gray tree frogs[J]. Science, 1998, 280 (5371): 1928-1930.

[58] WIEBLER J M, KOHL K D, LEE R E, et al. Urea hydrolysis by gut bacteria in a hibernating frog: evidence for urea-nitrogen recycling in Amphibia[J]. Proceedings of the Royal Society B, 2018, 285 (1878): 20180241.

[59] WIENS J J, KUCZYNSKI C A, DUELLMAN W E, et al. Loss and re-evolution of complex life cycles in marsupial frogs: does ancestral trait reconstruction mislead? [J]. Evolution, 2007, 61: 1886-1899.

[60] WIENS J J, KUCZYNSKI C A, HUA X, et al. An expanded phylogeny of treefrogs (Hylidae) based on nuclear and mitochondrial sequence data[J]. Molecular Phylogenetics and Evolution, 2010, 55 (3): 871-882.

[61] WOLLENBERG K C, VEITH M, NOONAN B P, et al. Polymorphism versus species richness—systematics of large *Dendrobates* from the Eastern Guiana Shield (Amphibia: Dendrobatidae) [J]. Copeia, 2006, 2006(4): 623-629.

[62] WU W, GAO Y D, JIANG D C, et al. Genomic adaptations for arboreal locomotion in Asian flying treefrogs[J]. Proceedings of the National Academy of Sciences of the United States of America, 2022, 119 (13): e2116342119.

[63] XU F, CUI J G, SONG J, et al. Male competition strategies change when information concerning female receptivity is available[J]. Behavioral Ecology,

2012, 23 (2): 307-312.

[64] YANG Y, RICHARDS-ZAWACKI C L, DEVAR A, et al. Poison frog color morphs express assortative mate preferences in allopatry but not sympatry[J]. Evolution, 2016, 70 (12): 2778-2788.

[65] YUAN Z Y, ZHANG B L, RAXWORTHY C J, et al. Natatanuran frogs used the Indian Plate to step-stone disperse and radiate across the Indian Ocean[J]. National Science Review, 2019, 6 (1): 10-14.

[66] ZHANG H, ZHU B, ZHOU Y, et al. Females and males respond differently to calls impaired by noise in a tree frog[J]. Ecology and Evolution, 2021, 11 (13): 9159-9167.

[67] ZHAO L H, WANG J C, ZHANG H D, et al. Parasite defensive limb movements enhance signal attraction in male little torrent frogs[J]. eLife, 2022, 12: e90404.

[68] ZHU B C, ZHANG H D, CHEN Q H, et al. Noise affects mate choice based on visual information via cross-sensory interference[J]. Environmental Pollution, 2022, 308: 119680.

[69] ZHU B C, YANG Y, ZHOU Y, et al. Multisensory integration facilitates perceptual restoration of an interrupted call in frog[J]. Behavioral Ecology, 2022, 33 (4): 876-883.

[70] ZHU B C, ZHOU Y, YANG Y, et al. Multisensory modalities increase working memory for mating signals in a treefrog[J]. Journal of Animal Ecology, 2021, 90 (6): 1455-1465.

[71] ZHU B C, WANG J C, ZHAO L H, et al. Bigger is not always better: Females Prefer Males of Mean Body Size in *Philautus odontotarsus*[J]. PLoS ONE, 2016, 11 (2): e0149879.

[72] ZHU B C, ZHAO X M, ZHANG H D, et al. The functions and evolution of graded complex calls in a treefrog[J]. Bioacoustics, 2023, 32 (6): 642-659.

# 附录一 物种索引表

| 首字母 | 中文名 | 拉丁名 | 英文名 | 页码 |
|---|---|---|---|---|
| A | 阿马乌童蛙 | *Paedophryne amauensis* | 无 | 15 |
| | 阿塔卡玛蟾蜍 | *Rhinella atacamensis* | Atacama Toad | 93 |
| | 凹耳臭蛙 | *Odorrana tormota* | Concave-eared Torrent Frog | 84 |
| B | 白斑棱皮树蛙 | *Theloderma albopunctatum* | White-patterned Small Treefrog | 153 |
| | 白颌大树蛙 | *Zhangixalus smaragdinus* | White-lipped Treefrog | 169 |
| | 斑腿泛树蛙 | *Polypedates megacephalus* | Spot-legged Treefrog | 126/160 |
| | 版纳鱼螈 | *Chthyophis kohtaoensis* | Banna Caecilian | 4 |
| | 宝兴树蛙 | *Zhangixalus dugritei* | Baoxing Treefrog | 5/169 |
| | 北部湾棱皮树蛙 | *Theloderma corticale* | Tonkin Bug-eyed Frog | 151 |
| | 北方狭口蛙 | *Kaloula borealis* | Boreal Digging Frog | 56 |
| | 北仑姬蛙 | *Microhyla beilunensis* | 无 | 10/62/147 |
| | 北美林蛙 | *Rana sylvatica* | Wood Frog | 177 |
| | 背崩棱皮树蛙 | *Theloderma baibungensis* | Baibung Small Treefrog | 153 |
| | 布氏泛树蛙 | *Polypedates braueri* | Upland Treefrog | 110 |
| C | 草莓箭毒蛙 | *Oophaga pumilio* | Strawberry Dart Frog | 81/94 |
| | 铲头蛙 | *Triprion petasatus* | Yucatan Shovel-headed Treefrog | 21 |
| | 崇安髭蟾 | *Leptobrachium liui* | Yaoshan Moustache Toad | 12 |
| | 粗皮姬蛙 | *Microhyla butleri* | Tubercled Pygmy Frog | 52 |
| D | 达尔文蟾 | *Rhinoderma darwinii* | Darwin's Frog | 138/162 |
| | 大绿臭蛙 | *Odorrana graminea* | Largre Odorous Frog | 86 |
| | 大树蛙 | *Zhangixalus dennysi* | Large Treefrog | 166 |
| | 滇蛙 | *Nidirana pleuraden* | Yunnan Pond Frog | 99 |

续表

| 首字母 | 中文名 | 拉丁名 | 英文名 | 页码 |
|---|---|---|---|---|
| D | 东方铃蟾 | *Bombina orientalis* | Oriental Fire-bellied Toad | 159 |
| E | 峨眉树蛙 | *Zhangixalus omeimontis* | Omei Treefrog | 169 |
| | 峨眉髭蟾 | *Leptobrachium boringii* | Emei Moustache Toad | 23/54/83/112/129/196 |
| F | 番茄蛙 | *Dyscophus antongilii* | Tomato Frog | 159 |
| | 非洲牛蛙 | *Pyxicephalus adspersus* | African Bullfrog | 191 |
| | 非洲树蛙 | *Hyperolius spp.* | African Treefrog | 99 |
| | 非洲爪蟾 | *Xenopus laevis* | African Clawed Frog | 79/187 |
| | 福建大头蛙 | *Limnonectes fujianensis* | Fujian Large-headed frog | 88 |
| | 负子蟾 | *Pipa pipa* | Surinam Toad | 136 |
| G | 冈瑟袋蛙 | *Gastrotheca guentheri* | Günther's Marsupial Frog | 46 |
| | 高山舌突蛙 | *Limnonectes alpinus* | Alpine Papilla-tongued Frog | 87 |
| | 高山倭蛙 | *Nanorana parkeri* | Xizang Plateau Frog | 172 |
| | 钴蓝箭毒蛙 | *Dendrobates tinctorius* | Blue poison-dart Frog | 134 |
| H | 海陆蛙 | *Fejervarya moodiei* | Culf Coast Frog | 171 |
| | 海南锯腿树蛙 | *Kurixalus hainanus* | Hainan Frilled Treefrog | 63/74/92/100/116/156/183 |
| | 海南拟髭蟾 | *Leptobrachium hainanense* | Hainan Pseudomoustache Toad | 54 |
| | 海南湍蛙 | *Amolops hainanensis* | Hainan Torrent Frog | 31/149 |
| | 汉森侧条树蛙 | *Rohanixalus hansenae* | 无 | 217 |
| | 黑斑侧褶蛙 | *Pelophylax nigromaculatus* | Black-spotted Pond Frog | 8/63/101/110/167 |
| | 黑眶蟾蜍 | *Duttaphrynus melanostictus* | Black-spectacled Toad | 51/112 |
| | 黑蹼树蛙 | *Rhacophorus kio* | Asian Black-webbed Treefrog | 167 |
| | 黑眼睑纤树蛙 | *Gracixalus gracilipes* | Black Eye-lidded Small Treefrog | 11/54/103 |

| 首字母 | 中文名 | 拉丁名 | 英文名 | 页码 |
|---|---|---|---|---|
| H | 红点齿蟾 | *Oreolalax rhodostigmatus* | Red-spotted Toothed Toad | 35 |
| | 红蹼树蛙 | *Rhacophorus rhodopus* | Red-webbed Treefrog | 104/168 |
| | 红吸盘棱皮树蛙 | *Theloderma rhododiscus* | Red-disked Warty Treefrog | 111/155 |
| | 红眼树蛙 | *Agalychnis callidryas* | Red-eyed Treefrog | 101 |
| | 洪佛树蛙 | *Zhangixalus hungfuensis* | Huangfu Treefrog | 169 |
| | 虎纹蛙 | *Hoplobatrachus chinensis* | Chinese Bullfrog | 7/167/194 |
| | 花背蟾蜍 | *Strauchbufo raddei* | Siberian toad | 32/55/63 |
| | 花姬蛙 | *Microhyla pulchra* | Beautiful Pygmy Frog | 9 |
| | 华西雨蛙 | *Hyla annectans* | West China Tree Toad | 53 |
| | 黄金箭毒蛙 | *Phyllobates terribilis* | Golden Poison Frog | 133/164 |
| J | 棘臂蛙 | *Nanorana liebigii* | Liebig Hill Frog | 11 |
| | 棘胸蛙 | *Quasipaa spinosa* | Spiny Paa Frog | 45 |
| | 加德纳蛙 | *Sechellophryne gardineri* | Gardiner's Seychelles Frog | 84 |
| | 金蟾蜍 | *Incilius periglenes* | Golden Toad | 201 |
| | 金线侧褶蛙 | *Pelophylax plancyi* | Gold-striped Pond Frog | 6 |
| | 巨谐蛙 | *Conraua goliath* | Giant Frog | 17 |
| | 锯腿原指树蛙 | *Kurixalus odontotarsus* | Serrated Frilled Treefrog | 52 |
| K | 阔褶水蛙 | *Hylarana latouchii* | Broad-folded Frog | 64/103 |
| L | 丽水树蛙 | *Zhangixalus lishuiensis* | 无 | 166 |
| | 獠齿幻蟾 | *Adelotus brevis* | Tusked Frog | 48 |
| M | 美洲牛蛙 | *Rana catesbeiana* | American Bullfrog | 186/189 |
| | 勐海灌树蛙 | *Raorchestes hillisi* | Hillis's Bush Frog | 119 |
| N | 南部胃孵蟾 | *Rheobatrachus silus* | Southern Gastric Brooding Frog | 140/200 |
| | 南方豹蛙 | *Rana sphenocephala* | Southern Leopard Frog | 186 |
| | 南美泡蟾 | *Engystomops pustulosus* | Túngara Frog | 66 |
| O | 欧洲树蛙 | *Hyla arborea* | European Treefrog | 94 |

| 首字母 | 中文名 | 拉丁名 | 英文名 | 页码 |
|---|---|---|---|---|
| P | 匹诺曹树蛙 | *Litoria pinocchio* | Northern Pinocchio Treefrog | 28 |
| | 婆罗胡蛙 | *Huia cavitympanum* | Hole-in-the-head Frog | 87 |
| | 婆罗洲平头蛙 | *Barbourula kalimantanensis* | Bornean Flat-headed Frog | 41 |
| Q | 奇异多指节蛙 | *Pseudis paradoxa* | Paradoxical Frog | 117 |
| S | 三港雨蛙 | *Hyla sanchiangensis* | Sanchiang Tree Toad | 7/53/92 |
| | 饰纹姬蛙 | *Microhyla fissipes* | Ornate Narrow-Mouth Frog | 125 |
| | 双色棱皮树蛙 | *Theloderma bicolor* | Chapa Bug-eyed Frog | 109/153 |
| | 水雾胎生蟾 | *Nectophrynoides asperginis* | Kihansi Spray Toad | 124/162/198 |
| | 四川狭口蛙 | *Kaloula rugifera* | Sichuan Digging Frog | 166 |
| W | 网纹玻璃蛙 | *Hyalinobatrachium valerioi* | Reticulated Glass Frog | 130/141 |
| | 尾蟾 | *Ascaphus truei* | Pacific Tailed Frog | 29/123 |
| | 温室蟾 | *Eleutherodactylus planirostris* | Greenhouse Toad | 193 |
| | 倭蛙 | *Nanorana pleskei* | Plateau Frog | 81 |
| | 武夷湍蛙 | *Amolops wuyiensis* | Wuyi Torrent Frog | 63 |
| X | 细刺水蛙 | *Sylvirana spinulosa* | Fine-spined Frog | 54/146 |
| | 仙琴蛙 | *Nidirana daunchina* | Emei Music Frog | 69/125 |
| | 小湍蛙 | *Amolops torrentis* | Little Torrent Frog | 95 |
| | 胸腺齿突蟾 | *Scutiger glandulatus* | Gland-chest Cat-eyed Toad | 11 |
| Y | 鸭嘴竹叶蛙 | *Odorrana nasuta* | Hainan Bamboo-leaf Frog | 22 |
| | 亚马孙牛奶蛙 | *Trachycephalus resinifictrix* | Amazon Milk Frog | 162 |
| | 眼斑刘树蛙 | *Liuixalus ocellatus* | Ocellated Small Treefrog | 110 |
| | 印尼尖牙蛙 | *Limnonectes larvaepartus* | 无 | 121 |
| | 圆点树蛙 | *Boana punctata* | Polka-Dot Treefrog | 38 |
| | 圆眼珍珠蛙 | *Lepidobatrachus laevis* | Budgett's Frog | 13 |

| 首字母 | 中文名 | 拉丁名 | 英文名 | 页码 |
|---|---|---|---|---|
| Z | 泽陆蛙 | *Fejervarya multistriata* | Rice-paddy Frog | 52 |
| | 泽氏斑蟾 | *Atelopus zeteki* | Zetek's Golden Frog | 52/186 |
| | 钊琴湍蛙 | *Amolops chaochin* | Chaochin's Torrent Frog | 166 |
| | 沼水蛙 | *Hylarana guentheri* | Guenther's Frog | 54/101 |
| | 中国大鲵 | *Andrias davidianus* | Chinese Giant Salamander | 5 |
| | 中国雨蛙 | *Hyla chinensis* | Chinese Tree Toad | 63 |
| | 中华蟾蜍 | *Bufo gargarizans* | China Toad | 51/112/175 |
| | 壮发蛙 | *Trichobatrachus robustus* | Hairy Frog | 40 |
| | 紫蛙 | *Nasikabatrachus sahyadrensis* | Purple Frog | 19 |

# 附录二　名词解释

| 专门名词 | 英文 | 释义 | 页码 |
|---|---|---|---|
| 脊椎动物 | vertebrate | 动物界最高等的类群。该类动物体内有许多脊椎骨连接而成的脊柱，并有发达的头骨。体型左右对称，一般分头、躯干和尾三部分 | IV |
| 两栖动物 | amphibian | 脊椎动物两栖纲动物的总称，是最先适应陆上生活的脊椎动物。幼体用鳃呼吸，有侧线，没有成对附肢，一般生活在水中；经变态发育后，成体一般用肺呼吸，大多生活在陆地，并具有成对五趾型附肢和比较发达的神经系统，用肺和皮肤呼吸 | IV |
| 无尾目 | anura | 是两栖纲种类最多的一类。成体基本无尾，头部略呈三角形，颈部不明显，后肢特别发达。卵一般产于水中，孵化成蝌蚪，用鳃呼吸；经过显著的变态发育，成体主要用肺呼吸。主要包括蛙和蟾蜍两类动物 | IV |
| 蚓螈目 | gymnophiona | 属于两栖纲的一类，外形像蛇和蚯蚓，没有四肢，体表有环缢纹，一般在地下穴居 | IV |
| 有尾目 | urodela | 属于两栖纲的一类，身体分为头、躯干和尾。皮肤无鳞，大多有四肢，终生有尾，尾部侧扁；变态不显著，幼体与成体形态上差别不大 | IV |
| 变态发育 | metamorphosis | 动物在胚后发育过程中，身体形态结构、组织器官和生活习性等在短时间内出现一系列显著变化，以更好地适应成年后的生活，这种胚后发育叫变态发育。一般指昆虫纲与两栖纲的发育方式 | V |
| 变温动物 | poikilotherm | 恒温动物的相对词，俗称"冷血动物"，指体温随着环境的改变而变化的动物。由于体内没有调节体温的机制，仅能靠自身行为的改变或外界环境的影响来改变体温 | 4 |

续表

| 专门名词 | 英文 | 释义 | 页码 |
|---|---|---|---|
| 黏液腺 | mucous gland | 由腺体细胞所组成，能够分泌黏液，分布广泛 | 4 |
| 鼓膜 | tympanic membrane | 中耳的组成部分，两栖类的鼓膜位于眼后，呈圆形，覆盖在中耳腔的外壁，内接耳柱骨。声波使鼓膜振动，借听小骨传入内耳 | 8 |
| 声囊 | vocal sac | 大多数无尾两栖类雄性在咽喉部由咽部皮肤或肌肉扩展形成的囊状突起结构，称为声囊；能对鸣声起共鸣的作用。在外表能观察到的为外声囊，反之为内声囊。位于咽两侧的称为咽侧声囊，位于咽腹下方的称为咽下声囊 | 8 |
| 蹼 | web | 某些水栖或其他习性的动物脚趾间的皮膜，可用来辅助运动。蹼的发达程度，因种类而异 | 9 |
| 婚刺 | nuptial thron | 大多数无尾目两栖类雄性生殖期间，婚垫上会长出角质刺，起到视觉和争斗的作用，称为婚刺 | 11 |
| 婚垫 | nuptial pad | 又称指垫，大多数无尾目两栖类雄性在生殖期间，前肢内侧一指、二指或基部的局部隆起，为第二性征之一。婚垫上富有黏液腺，或有角质刺，交配时有加固雄性拥抱雌性、以完成体外受精的作用 | 11 |
| 蛙壶菌 | chytrid fungus | 是一种寄生于两栖动物表皮角质层的壶菌门真菌，会引发两栖类的壶菌病。最初发现于1998年，造成了大量两栖类的死亡与种群数量减少，引发多个物种灭绝，是有史以来影响生物多样性最严重的动物性病害之一 | 14 |
| 无脊椎动物 | invertebrate | 在动物分类中，脊椎动物以外所有动物的总称，占动物界种类的绝大部分。主要特点是身体中轴无脊椎骨所组成的脊柱 | 16 |
| 直接发育 | direct development | 是指幼体和成体在形态结构、生活习性和生态需求方面都基本一致的胚后发育形式 | 16 |
| 抱对 | amplexus | 即在繁殖季节，雄蛙和雌蛙抱着进行交配的意思。多数情况下，雄蛙体型比雌蛙小，它趴在雌蛙背上，通过婚垫和婚刺增加摩擦力紧紧拥抱住雌蛙，不断用前肢摩擦雌蛙，通过激素作用诱导分泌卵子。同时，雄蛙也将精液排出，完成受精作用。这是一个复杂的生理过程 | 20 |

续表

| 专门名词 | 英文 | 释义 | 页码 |
|---|---|---|---|
| 爆发性繁殖 | explosive breeding | 指在比较短的时期内，某一生物产生大量繁殖行为，并产生许多子代的现象 | 20 |
| 大陆漂移假说 | the continental drift theory | 大陆之间及大陆相对于大洋盆地间的大规模水平运动，称为大陆漂移。大陆漂移说是1908—1912年间由德国气象学家、气候学家和地球物理学家阿尔弗雷德·魏格纳提出的一个科学假设理论：大约2.4亿年前，地球上所有大陆都曾是一个统一的巨大大陆或超大陆，称为泛大陆，然后经过分裂、漂移，逐渐到达现在的位置 | 21 |
| 华西雨屏带 | the rainy zone of west china | 指位于我国四川省西部地区的一个多雨带，地处成都平原与川西高原的过渡地带，主要的范围包括绵阳市、德阳市、成都市、眉山市和乐山市以西，岷山、邛崃山、大雪山、夹金山、大小相岭和大凉山一线以东的地区，是一个东西宽度为50千米至70千米，南北延伸为400千米至450千米，总面积约为2.5万平方千米的狭长区域，地形和气候独特，降水丰富、多雨雾 | 23 |
| 珍稀濒危物种 | rare and endangered species | 是珍贵的动物、稀有的动物和面临灭绝危险的动物的简称。根据动物是否处于濒危状态及其濒危的程度，提出不同的标准和等级 | 23 |
| 模式产地 | type locality | 在确定及发表某一生物的学名时，应描述其生物特征与模式标本，用于命名的模式标本采集地点即称为模式产地 | 24 |
| 吸盘 | sucker | 动物的吸附器官，多为中间凹陷的盘状物，有吸附、摄食和运动等功能 | 29 |
| 求偶 | courship | 指动物通过声音、动作、形体等来吸引异性，求得异性的倾向，寻求配偶的过程 | 29 |
| 交配器 | petasma | 雄性动物用于交配的外生殖器 | 30 |
| 泄殖腔 | cloaca | 动物体的消化管、输尿管和生殖管末端共同汇合处的总腔，以单一的泄殖腔孔开口于体外，有排出粪便、尿液以及生殖细胞的功能。存在于两栖动物、爬行动物、鸟类等动物中 | 30 |

| 专门名词 | 英文 | 释义 | 页码 |
|---|---|---|---|
| 毒腺 | venom gland | 动物体内或皮肤表面等部位分泌出有毒害物质的腺体的总称 | 32 |
| 生物碱 | alkaloids | 存在于自然界生物体中的一类常见的具有碱性的含氮有机化合物，大多数存在于植物中，少部分发现于动物体中，大多数有复杂的环状结构，有苦味，具有显著的生物活性 | 32 |
| 耳后腺 | parotoid gland | 特指蟾蜍等无尾两栖动物的眼后、鼓膜和枕部两侧的皮肤腺体。通常聚集为一定的形态，如蟾蜍的耳后腺为大的长圆形。一般认为由黏液腺变异而成，其分泌物含多种有毒成分 | 32 |
| 冬眠 | hibernation | 休眠现象的一种，指动物对冬季不利的外界环境条件（如寒冷和食物不足等）的一种适应。主要表现为不活动，心跳减慢，体温下降和陷入昏睡状态 | 34 |
| 释放鸣叫 | release call | 无尾两栖类在抱对时，发生了雄性之间错抱的现象后，其中被错抱的雄蛙会发出一种类型的鸣叫，请求另一个雄蛙将其放走 | 35 |
| 演化不可逆法则 | law of irreversibility | 是由比利时古生物学家路易斯·多洛在1893年提出的一个演化法则，又称多洛法则。他认为在进化过程中，任何一个进化点不可能两次遵循同样的进化轨迹；退化或消失的器官在后续进化过程中绝不会再次出现；就算环境重现，机体也只会产生不同器官来发挥原有作用 | 47 |
| 固胸型 | firmisternia | 无尾两栖动物肩带与胸骨组合的一种类型，是分科的重要依据之一。主要特征是左右上喙软骨极小，在腹中线紧密相连而不重叠，甚至有的种类愈合成一条狭窄的上喙骨。肩带不能通过上喙软骨左右交错活动，此类肩带称为固胸型肩带。我国的蛙科、姬蛙科的肩带都是此类 | 55 |

续表

| 专门名词 | 英文 | 释义 | 页码 |
|---|---|---|---|
| 弧胸型 | arcifera | 无尾两栖动物肩带与胸骨组合的一种类型，是分科的重要依据之一。主要特征是左右上喙软骨甚大，且不相连，彼此重叠，肩带可通过上喙软骨在腹面左右交错活动，此类肩带称弧胸型肩带。盘舌蟾科、角蟾科、蟾蜍科和雨蛙科的肩带属此类 | 55 |
| 性成熟 | sexual maturity | 当个体生长发育到一定年龄阶段时，性腺、生殖器官和第二性征的发育已经基本完成并趋于成熟，基本具备了正常繁殖功能，则称为性成熟 | 62 |
| 耳柱骨 | columella auris | 在两栖动物最早出现，是位于鼓膜和内耳卵窗之间的听小骨。在蛙类中，为一细短的骨棒，由胚胎时期舌弓顶部的舌颌软骨形成，部分为硬骨，可将鼓膜感受到的声波传入内耳 | 62 |
| 广告鸣叫 | advertisement call | 是动物繁殖鸣叫的主要形式，通常被认为是物种特有的鸣声信号。广告鸣声主要由雄蛙发出，在繁殖期时向求偶对象或者同种竞争对手传递自身信息，如身体大小、位置和资源占有情况，是两栖类中最常见的鸣叫类型 | 63 |
| 竞争鸣叫 | aggressive call | 繁殖季节时，无尾两栖类的雄性个体间在遇到同种竞争对手时，会发出一种互相竞争的鸣叫类型，意为保卫领地，从而增加求偶的概率 | 63 |
| 食物链 | food chain | 也称"营养链"，生物群落中各种动植物和微生物彼此之间由于摄食的关系所形成的一种联系，按照生物捕食和被捕食的关系而排列的链状顺序 | 68 |
| 复合鸣叫 | compound call | 由两种或两种以上音节组合形成的复杂鸣叫方式 | 76 |
| 雌雄性比 | sex ratio | 是一个种群所有个体或某一龄级的个体中，雌性个体和雄性个体的数目比例，对种群的发展具有重要作用。若两性个体数量相差过于悬殊，则不利于种群增殖，进而影响种群结构及其发展动态 | 76 |

| 专门名词 | 英文 | 释义 | 页码 |
|---|---|---|---|
| 侧线器官 | lateral-line sense organ | 指鱼类、两栖类等动物身体两侧由头到尾存在的一种特有的沟状或管状皮肤感觉器官，能通过其内的黏液变化传递外界刺激，有听觉、感觉和定位的功能 | 79 |
| 极端环境 | extreme environment | 指环境中存在的某些特有的物理和化学条件，包括高温、低温、强酸、强碱、高盐、高压、高辐射等 | 82 |
| 趋同进化 | convergent evolution | 源自不同祖先或者亲缘关系甚远的生物，由于栖居于同一类型的环境之中或者有着相似的生活方式，从而演化出整体或部分形态结构朝着同一方向改变的现象 | 83 |
| 听小骨 | ossicula auditus | 又称听骨，中耳鼓室内各有三块小骨，由锤骨、砧骨及镫骨组成。听小骨把声波所引起的鼓膜振动传入内耳 | 84 |
| 超声信号 | ultrasonic signal | 波长短于2厘米的机械波为超声波，该声波的频段下界超过了人的听觉。由超声波携带，并通过介质进行传播的声音信号，称为超声信号 | 84 |
| 信噪比 | snr(signal-to-noise ratio) | 指一个系统中信号与噪声相对强度或功率之间的比值，常用分贝数表示，常用于音频、图像等领域。信噪比越高，说明信号里的噪声越小，否则相反 | 85 |
| 咽鼓管 | eustachian tube | 沟通中耳（鼓室）和咽的细狭管道，起自鼓室前壁，内以咽鼓管咽口通入鼻咽部，为中耳传音结构的重要组成部分 | 87 |
| 单模信号 | single-modal signal | 指仅包含声音、图形等单一感觉的信号 | 95 |
| 多模信号 | multi-modal signal | 指包括了声音、图像、化学物质、触感等两种或者多种感觉的信号 | 95 |
| 旗语 | foot flagging | 指无尾两栖类动物利用肢体动作传递信息时，在空中挥动后肢，仿佛一面小旗子在空中挥舞，因此，这种肢体语言被称作"旗语" | 96 |

续表

| 专门名词 | 英文 | 释义 | 页码 |
|---|---|---|---|
| 肩腺 | postaxillary gland | 特指在雄性两栖动物前肢后方体侧发生群聚的皮肤腺体结构，这是一种由普通腺体堆积形成的肉眼可见的宏大腺体结构。在动物繁殖季时，更为发达，可能起到传递求偶信息的作用 | 99 |
| 信息素 | pheromone | 也叫"外激素"，是动物特定腺体合成并分泌释放到体外，并借空气、体液等传播，被同物种的其他个体通过嗅觉器官感知，使受者表现出对应的某种行为、情绪、心理反应或生理机制改变的物质 | 99 |
| 抗菌肽 | antibiotic peptide | 指生物体内、体表经诱导产生的一类具有抗菌生物活性的多肽物质，分子量在 2000～7000，由 20～60 个氨基酸残基组成。具有广谱抗菌等功能 | 119 |
| 适应性进化 | adaptive evolution | 生物体随着外界环境条件的改变而改变自身的特性或生活方式，这个适应环境的整个进化过程，被称为适应性进化 | 124 |
| 拟态 | mimicry | 在进化过程中，某些生物在形态、色泽、斑纹、气味乃至行为等特征上与其他生物或环境中的非生物体非常相似的一种模拟现象，对生物起到保护作用 | 136 |
| 有袋类动物 | marsupial | 是一类低等的哺乳动物，雌性一般在腹部有一育儿袋（个别种类雄性也有）。除少数外，均无胎盘。幼仔产出时未发育完全，属于早产，在育儿袋内通过吸奶逐渐成长。主要分布在澳大利亚及新几内亚，如袋鼠、袋狼、袋獾等 | 138 |
| 假死 | death-feigning | 是许多动物受到外界刺激时表现出的一种静止性反应，被认为是对其捕食者的一种防御性机制反应，通常表现为突然发生的身体僵直不动或跌落地面呈半死状态，从而躲避敌人的现象，在多种动物中普遍存在 | 152 |

续表

| 专门名词 | 英文 | 释义 | 页码 |
|---|---|---|---|
| 警戒色 | warning coloration | 有一些身有毒素，并且体色鲜艳或有特殊斑纹的动物，这些特殊的色彩能对敌人起到一种威慑和警告的作用，这就是警戒色。这是动物长期在进化过程中形成的，不同于环境的特殊体色更容易被捕食者发现和识别，避免遭到攻击 | 158 |
| 仿生学 | bionics | 它是由生命科学与工程技术科学相互渗透结合产生形成的一门综合性边缘学科。把各种生物系统所具有的功能原理和作用机理作为生物模型进行研究，希望在技术发展中能够利用这些原理和机理，实现新的技术设计并制造出更好的新型机器、机械等 | 169 |
| 基因组 | genome | 是指一个生物体内所有遗传物质的总和，包括DNA、RNA | 174 |
| 外来物种 | alien species | 指那些出现在其过去或自然分布范围及扩散潜力以外的物种、亚种或以下的分类单元，包括其所有可能存活、繁殖的部分、配子或繁殖体 | 182 |
| 生物富集 | bioaccumulation | 环境中的污染物，如重金属、化学农药、毒素等，通过生态系统中食物链各个营养层级的传递后，在生物体内大量积聚的过程 | 184 |
| 克隆 | clone | 指生物体通过体细胞进行的无性繁殖，以及由无性繁殖形成的基因型完全相同的后代个体组成的种群。一般指人类利用生物技术，通过无性生殖产生与原个体有完全相同基因组织后代的过程 | 188 |
| 夏眠 | aestivation | 是休眠现象的一种，是动物对于炎热和干旱季节的一种适应，主要表现为心跳缓慢、体温下降和进入昏睡状态。与"冬眠"活动相对应 | 192 |

# 附录三 书中古诗词出处（部分）

看蚁移苔穴，闻蛙落石层。 ——韦庄《梁氏水斋》

野蜂采蜜花房里，官蛙瞠目莎池底。 ——仇远《草虫图》

水中科斗长成蛙，林下桑虫老作蛾。 ——白居易《禽虫十二章》

莺燕各归巢哺子，蛙鱼共乐雨添池。 ——欧阳修《暮春书事呈四舍人》

稻花香里说丰年，听取蛙声一片。 ——辛弃疾《西江月·夜行黄沙道中》

雨过浮萍合，蛙声满四邻。

——苏轼《雨晴后步至四望亭下鱼池上遂自乾明寺前东冈》

鱼鳅群出天将雨，蛙黾争鸣草满庭。 ——陆游《即事·鱼鳅群出天将雨》

薄暮蛙声连晓闹，今年田稻十分秋。 ——范成大《四时田园杂兴》

兔笑株傍守，蛙怜井底藏。 ——陈高《丁酉岁述怀一百韵》

后　记

雨神角蟾（王聿凡　摄）

"稻花香里说丰年，听取蛙声一片。"我们来简单回顾一下青蛙的一生。蛙爸爸和蛙妈妈产下一颗颗圆圆的受精卵，它们在水里，在树叶上，在泥洞里，或者在妈妈的肚子里，开始了与众不同的生命旅行。卵发育成蝌蚪，慢慢地，它们长出四肢，然后"丢掉"尾巴，长成小蛙。在这个过程中，它们将面临着不同的捕食者和困难。保护色、拟态、警戒色、假死……这些都是蛙类生存的智慧。当然，蛙爸爸和蛙妈妈也会竭尽全力地保护它们。它们守护在蛙卵旁边，时刻准备好，驱赶"来犯之敌"；或者直接背着蛙儿子"浪迹天涯"，或者干脆将蛙卵吞进嘴里甚至胃里孵化。

面对大自然的捕食者，蛙蛙们尚且可以依靠"十八般武艺"招架；但面对人类活动对栖息地的破坏，它们很难应对。

方圆之间，自有天地。历经磨难，幸存下来的小蛙终于长大。千姿百态的青蛙们，有的长着长长的鼻子，有的长满毛发，有的没有肺……但长大后最重要的事情一定是唱情歌，谈朋友，博取雌蛙的芳心。"鱼鳅群出天将雨，蛙黾争鸣草满庭。"它们一边展现悠扬婉转的鸣声，一边展示五彩斑斓的鸣囊，一边散发着迷人的"香水味"，甚至"手舞足蹈""暗送秋波"，只为博得伊人一笑。在彼此确认过眼神后，雌蛙和雄蛙双双来到适宜的产卵点，产下一颗颗蛙卵。故事仿佛又回到起点，周而复始，生生不息。

"薄暮蛙声连晓闹，今年田稻十分秋。"蛙鸣不仅象征着丰收，蛙类作为环境质量的指示物种，还可以帮助我们监测环境，更是传统文化的书中常客。

从事科普创作多年，尽管工作之余，写科普俨然已经成为一种兴趣，但真要坐下来写完一本书，面临着各种各样意想不到的困难。需要挤占部分宝贵的科研时间，需要挤占本就所剩无几的陪伴家人的时光，需要回答孩子频频提出的好奇之问……"倦对飘零满径花，静闻春水闹蛙鸣。"顶着如牛负重般的日常科研和工作压力，在无数个寂静的深夜，咬牙坚持着创作——2022年下半年，作者们发着高烧，在线上交流着大纲；2023年新年，阅读着资料，敲击着键盘；2023年国庆，边咳嗽着，边反复修改着……在无数次遇到困难的时候，每每想要放弃的时候，总会想起当初的承诺和信仰，就会重新振作起来，互相督促着，互相鼓励着，一起努力，一起加油。当写下最后一段文字的时候，除了喜悦和轻松，竟还有一丝不舍。

山的巍峨千变万化，看晨曦亲吻大地，看落日寻觅天际；水的浩瀚绰约多姿，看长空簇拥云翼，看碧海汹涌潮汐。山河湖屿，花鸟虫鱼，万物相遇；星芒萤火，鲸吟海啸，万物叹息。世界有千般样貌，生命有万般姿态，彼此依存，彼此孕育，彼此呵护……让我们走进千姿百态、精彩纷呈的青蛙世界，观察它们，聆听它们，认识它们，保护它们。

最后，请允许我以我国两栖爬行动物学奠基人刘承钊先生在其专著《华西两栖类》前言中的一句话作为结语——"种类繁多、千姿百态的两栖爬行动物，使我忘掉所有的艰难与险阻"。

朱弼成　毛萍　朱丹

2024 年 5 月 22 日